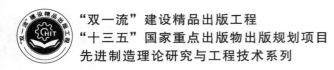

"双一流"建设精品出版工程

"十三五"国家重点出版物出版规划项目

先进制造理论研究与工程技术系列

电工与电子技术实验教程

EXPERIMENTAL COURSE OF ELECTRICAL AND ELECTRONIC TECHNOLOGY

主 编 杨 静

副主编 胡秋琦

哈尔滨工业大学出版社

HARBIN INSTITUTE OF TECHNOLOGY PRESS

内 容 简 介

  本书实验内容由浅入深,覆盖了电工学和电子技术理论课程中的知识要点。本书共分为5章,内容包含:实验装置介绍、常用实验仪器设备的使用、电工与电子技术基础实验、电工与电子技术综合设计实验、电工与电子技术远程在线及仿真实验。基础实验侧重对学生基本工程实践能力的培训;综合设计实验侧重对学生科学思维和创新意识的培养;远程在线及仿真实验在网络教学和线上线下混合式教学模式下,侧重对学生解决实际问题能力的培养。

  本书可作为高等院校非电类本科专业,如计算机类、机械类、材料类、环境类等专业"电工与电子技术"课程的实验教材,也可供相关专业的工程技术人员参考使用。

图书在版编目(CIP)数据

电工与电子技术实验教程/杨静主编. —哈尔滨:
哈尔滨工业大学出版社,2022.6
 ISBN 978-7-5767-0038-1

 Ⅰ.①电… Ⅱ.①杨… Ⅲ.①电工技术-实验-教材
②电子技术-实验-教材 Ⅳ.①TM-33 ②TN-33

中国版本图书馆 CIP 数据核字(2022)第 107384 号

策划编辑 王桂芝
责任编辑 王会丽
出版发行 哈尔滨工业大学出版社
社 址 哈尔滨市南岗区复华四道街 10 号 邮编 150006
传 真 0451-86414749
网 址 http://hitpress.hit.edu.cn
印 刷 哈尔滨市工大节能印刷厂
开 本 787 mm×1 092 mm 1/16 印张 10 字数 195 千字
版 次 2022 年 6 月第 1 版 2022 年 6 月第 1 次印刷
书 号 ISBN 978-7-5767-0038-1
定 价 38.00 元

前　　言

　　"电工与电子技术实验"是面向高等工科院校非电类本科专业开设的电类基础实验课程。该课程内容广泛,涵盖电路、模拟电子技术、数字电子技术等电类技术基础课程的重要实验环节。

　　随着科学技术的不断进步,以及教育改革的深入发展,实验教学已成为培养高等人才的重要环节。尤其是近年来互联网技术在实验教学仪器设备中的使用,使远程实验和线上实验成为可能,填补了传统实验教学模式的空白,随着实验教学模式的多元化,学生实验方法越发灵活多样。基于以上原因,我们编写了《电工与电子技术实验教程》,融入了基于传统实验装置和远程实验装置的实验教学经验,希望给学生学习本课程提供更多帮助,也为教授相关课程的教师提供参考。

　　本书在电工与电子技术基础实验的基础上,加入了部分综合设计实验和远程及仿真实验。通过基础实验的学习,学生可掌握基本的实验操作规范和实验研究方法,培养学生实事求是的科学态度和遵守实验纪律、爱护实验设施的优良品德;通过综合设计实验的培训,能够进一步培养学生的综合应用能力和创新精神,提高分析问题和解决问题的工程实践能力;通过远程及仿真实验的学习,学生可养成课前认真预习、课上严谨实验、课后完成报告的良好实验习惯。通过学习本书,学生可以为今后的学习研究和工作打下坚实基础。

　　本书主要包含以下几部分实验内容:①实验装置和仪器设备的使用介绍;②电工基础实验,如电阻元件伏安特性及电源外特性实验,电路基本定理的验证实验,日光灯电路功率因数调节实验,RLC 串联谐振及 RC 串并联选频网络实验等;③电子技术基础实验,如单管交流电压放大电路实验,集成运算放大器的应用实验,基本逻辑门电路的逻辑功能测试实验,触发器的功能测试及应用实验等;④综合设计实验,如有源滤波电路的设计与研究实验,波形发生器的设计实验,多位计数器的设计实验等;⑤远程在线及仿真实验,如 RC 一阶电路及 RLC 二阶电路响应研究实验,组合逻辑电路设计实验等。

　　感谢哈尔滨工业大学(深圳)王立欣教授、王毅教授,华南理工大学毕淑娥副教授等,他们在"电工与电子技术实验"的教学设计与实施过程中,给予了编者大力的支持与指导,并为本书的编写提供了宝贵的意见和建议。

本书吸取了实验与创新实践教育中心电气电子教学部实验教师，以及机电工程与自动化学院电类基础课程教师的实践教学经验，并在大家的支持与指导下完成，本书由杨静（主编）、胡秋琦（副主编）编写并负责全书的统稿工作，参加编写工作以及为编写工作提供宝贵意见的教师还有潘学伟、王灿、梁亮、吴屏、李苑青，在此一致表示感谢。

本书在编写过程中还参阅了部分国内外优秀教材，在此对这些教材的作者致以谢意。

由于编者水平有限，书中难免存在疏漏及不足之处，恳请读者批评指正。

编　者

2022 年 3 月

目　　录

第 1 章　实验装置介绍 ……………………………………………………………… 1

1.1　电工电路实验装置 ……………………………………………………………… 1

1.2　电子技术实验装置 ……………………………………………………………… 6

1.3　远程在线实验装置 ……………………………………………………………… 9

第 2 章　常用实验仪器设备的使用 ……………………………………………… 12

2.1　混合数字示波器 ……………………………………………………………… 12

2.2　台式数字万用表 ……………………………………………………………… 15

2.3　可编程线性直流稳压电源 …………………………………………………… 18

2.4　手持数字万用表 ……………………………………………………………… 20

2.5　双通道任意波形发生器 ……………………………………………………… 22

2.6　数字交流毫伏表 ……………………………………………………………… 24

2.7　恒流源 ………………………………………………………………………… 24

第 3 章　电工与电子技术基础实验 ……………………………………………… 26

3.1　电阻元件伏安特性及电源外特性 …………………………………………… 26

3.2　基尔霍夫定律 ………………………………………………………………… 32

3.3　叠加定理 ……………………………………………………………………… 36

3.4　戴维南定理 …………………………………………………………………… 39

3.5　日光灯电路功率因数调节实验 ……………………………………………… 42

3.6　RLC 串联谐振及 RC 串并联选频网络 ……………………………………… 48

3.7　单管交流电压放大电路 ……………………………………………………… 55

3.8　集成运算放大器的应用 ……………………………………………………… 61

3.9　基本逻辑门电路的逻辑功能测试 …………………………………………… 69

3.10　触发器的功能测试及应用 …………………………………………………… 74

第 4 章　电工与电子技术综合设计实验 ······················· 86

4.1　有源滤波电路的设计与研究 ······················· 86

4.2　波形发生器的设计 ······················· 91

4.3　函数发生器的设计 ······················· 95

4.4　多位计数器的设计 ······················· 98

4.5　555 定时器及其应用电路设计 ······················· 103

4.6　集成施密特触发器应用电路设计 ······················· 113

第 5 章　电工与电子技术远程在线及仿真实验 ······················· 118

5.1　Multisim 多位计数器仿真实验 ······················· 118

5.2　远程在线实验:RLC 谐振电路及 RC 选频网络特性 ······················· 124

5.3　远程在线实验:RC 一阶电路及 RLC 二阶电路响应研究 ······················· 137

5.4　远程在线实验:组合逻辑电路设计 ······················· 145

5.5　远程在线实验:计数器的设计与验证 ······················· 148

参考文献 ······················· 154

第 1 章 实验装置介绍

1.1 电工电路实验装置

电工电路实验装置型号为 SBL − 1,其实物图如图 1.1 所示。该装置配备多种电路实验挂板,主要搭载的电路设备仪器有三相空气开关(带熔断器)、直流电压电流表、灯泡负载、单相电量仪、单相调压器、日光灯(带启辉器、开关)、日光灯镇流器、并联电容器组、指针式三相功率表等。这里仅介绍实验中用到的实验挂板。因交流电源连入了 220 V 市电,使用时需严格遵守实验守则,注意人身和实验设备安全。

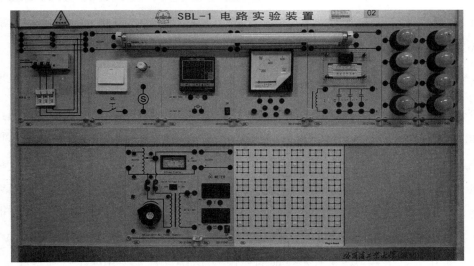

图 1.1   电工电路实验装置实物图

1.1.1   直流电压电流表板

直流电压电流表板型号为 30111047,安装在 SBL − MC1047 挂板中,如图 1.2 所示。标准配置由一个直流电压表(HF5135V − 3)和一个直流电流表(HF5135A − 4)组成。电压表量程为 0 ~ 20 V,最大允许输入电压为 ±250 V;电流表量程为 0 ~ 200 mA,最大允许输入电流

为 ±500 mA。通电后,用导线插入 V 和 mA 两端的插座将其引入电路中,即可作为直流电压电流测试表使用。当最左位数字显示 1 或 − 1 时,即表示所测的值已经超出其量程。

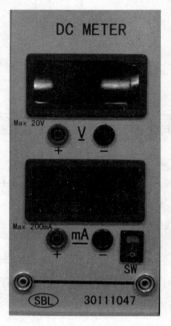

图 1.2　直流电压电流表板

注意:在实验过程中,不可超量程使用仪表,不可将电压测试线接入电流表接线端,否则将损坏仪表和挂板。

1.1.2　灯泡负载板

灯泡负载安装在 SBL − 30111093 挂板中,如图 1.3 所示。该设备由标准配置螺口式灯座和 40 W 灯泡组成。灯座的型号为螺口式 E27,最大电压为 250 V,最大电流为 4 A;灯泡的额定电压为 230 V,额定功率为 40 W。

电工电路实验装置挂板中配备了两块灯泡负载板。当供电电源为 220 V 时,可采用单个灯泡作为一组负载,也可采用两个灯泡串联作为一组负载。如果将两块灯泡负载板用短接桥连接,那么每两个灯泡串联作为一组负载,此时两串联灯泡两端的电压为 220 V,单个灯泡两端电压为 110 V,可大大提高灯泡的使用寿命,因此推荐采用两个灯泡串联接法;当供电电源为 380 V 时,为保证灯泡安全使用,必须采用两个灯泡串联接法,每组串联灯泡两端的电压为 380 V,单个灯泡两端电压为 190 V。

注意:在实验过程中,不可触碰灯泡和电路元器件金属裸露端,应遵守实验守则,保证实验安全。

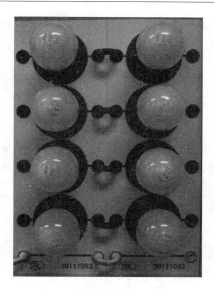

图 1.3　灯泡负载板

1.1.3　单相电量仪

单相电量仪型号为 HF9600E,安装在 SBL－30121098 挂板中,如图 1.4 所示。它是一款单相多功能智能网络可编程电测仪表,可在线完成多种常用的电参量测量,如单相电压、电流、有功功率、无功功率、视在功率、功率因数、四象限相角及电能计量等,并具备报警组合设置功能。仪表采用三排红色数码管显示。电量测量接口有两种,电压测量接口和电流测量接口,要注意参考方向的接线。

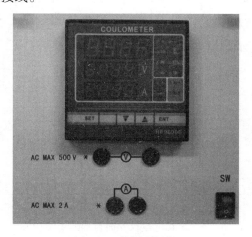

图 1.4　单相电量仪

单相电量仪的工作电压范围为 AC 85 ～ 265 V,DC 100 ～ 350 V。电流、电压、功率、有功电能的仪表精度为 0.5 级,频率精度为 0.05 Hz,四象限相角范围为 0 ～ 360°,分辨率为 1°;无功电能精度为 1 级。

下面分别介绍单相电量仪的按键操作方法、界面显示说明和注意事项。

1.按键操作方法

单相电量仪面板上共有 4 个按键,每一个按键都有正常使用的基本功能和进入设置界面的特殊功能,介绍如图 1.5 所示。

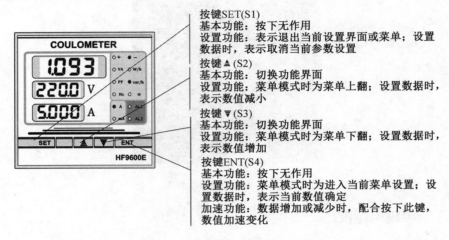

图 1.5　单相电量仪按键功能介绍

2.界面显示说明

单相电量仪可显示的电量信息有 U(电压)、I(电流)、P(有功功率)、PF(功率因数)、S(视在功率)、Q(无功功率)、Φ(四象限相角)等。在非设定状态下,按"S2"或"S3"键可切换显示所有电量信息,当切换到"E_p"和"E_q"界面时,下面两排数码管显示有功电能及无功电能数据。除了"E_p"和"E_q"界面,其他界面电压和电流会同时显示。单相电量仪界面显示的功能切换如图 1.6 所示。

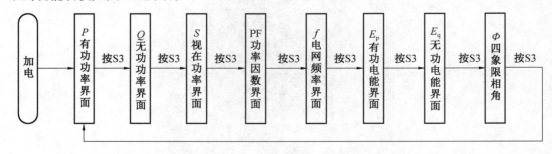

图 1.6　单相电量仪界面显示的功能切换

有功功率和无功功率以及功率因数显示有正负号,当切换到功率界面时,右侧的指示灯会显示正负号,如图 1.5 中负号灯亮、var 灯亮、A 灯亮,表示电压为 220.0 V,电流为 5.000 A,无功功率为 − 1.093 var。当测量数值 $P > 0$ 时,表示累计的有功电能是有功电能吸收;当测量数值 $P < 0$ 时,表示累计的有功电能是有功电能释放。同样;当 $Q > 0$ 时,表示累计的无功电能是无功电能感性;当 $Q < 0$ 时,表示累计的无功电能是无功电能容性。指示灯如果显示在"Φ",则表示第一行显示角度数据。

3.注意事项

（1）输入最高电压应不得高于单相电量仪额定输入电压的 120%,输入最高电流应不得高于单相电量仪额定输入电流的 120%。

（2）图 1.4 所示单相电量仪中,带" ∗ "的两个接口表示电量的同名端,请确保输入电压、电流相对应,相序一致,方向一致,否则仪表测量出错。

1.1.4　日光灯配套挂板

日光灯配套挂板包括日光灯开关板、日光灯镇流器和电容器板,如图 1.7 和图 1.8 所示。日光灯开关板挂板型号为 SBL - MC1012,标准配置由 86 型开关、SL88 型日光灯座和飞利浦启辉器组成。开关的最大电压为 250 V,最大电流为 10 A;灯座最大电压为 250 V,最大电流为 2.5 A;启辉器额定电压为 220 V,工作功率为 4 ~ 40 W。

日光灯镇流器和电容器板挂板型号为 SBL - 30121036,标准配置为 YZ26 型日光灯镇流器、电容（1 μF、2 μF、3.7 μF）和 FUQ1 - BL20RRTE 型日光灯管。日光灯镇流器额定电压为 220 V/50 Hz, 额定电流为 0.37 A;CBB（聚丙烯）并联电容器组有 1 μF/500 V、2 μF/500 V、3.7 μF/500 V 三种型号;日光灯管额定功率为 20 W。

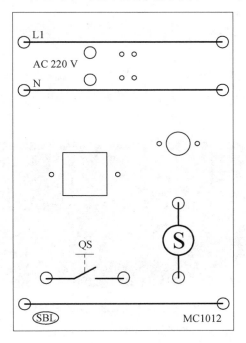

图 1.7　日光灯开关板

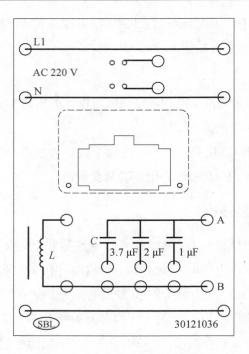

图 1.8 日光灯镇流器和电容器板

注意:在实验过程中,电源 L1 线和 N 线不可短接,为确保 CBB 并联电容器使用安全,工作电压要小于 AC 250 V,且电容器不可直接并联在日光灯两端,以免损坏启辉器。

1.2 电子技术实验装置

电子技术实验装置型号为 SBL‒2/3D,共有 5 个元器件盒子,如图 1.9 所示。模拟电子技术盒子有三个,数字电子技术盒子有两个,内配常用的电阻、电容、二极管、晶体管、电位器、集成运放、芯片插座等。

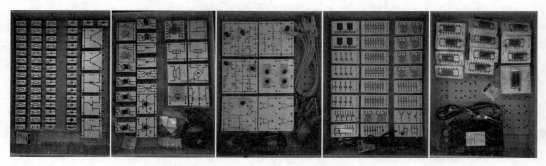

图 1.9 电子技术实验装置元器件盒子

元器件由模具封装,所有弱电实训元器件独立设计,元器件和符号一一对应,可看到器件本身,图 1.10 所示为弱电实训元器件封装。

　　模拟电子技术盒子特别配置了交流电源适配器、两级交流放大电路模块、负反馈放大电路模块、功率放大电路模块、差动放大电路模块、四路直流信号源模块、四运放模块等(运放是运算放大器的简称);数字电子技术盒子特别配置了直流电源适配器、四位输入器、四位输出器、芯片座(14 针、16 针、24 针)、数码显示器、石英振荡器、导线等,供复杂设计性实验使用。模拟电子技术实验用九孔方板如图 1.11 所示,数字电子技术实验用六孔方板如图 1.12 所示。

图 1.10　弱电实训元器件封装

图 1.11　模拟电子技术实验用九孔方板

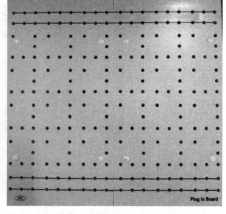

图 1.12　数字电子技术实验用六孔方板

　　下面简要介绍几个在数字电子技术盒子中比较重要的元器件的用法。

1.直流电源及适配器

　　直流电源为双路 5 V/1 A 输出,通过适配器连接到实验板的任意位置,适配器也称为时钟模块。打开电源开关后,实验板内部接通 VCC 和 GND,可以输出 2 分频、50 分频和 60 分频的方波信号。直流电源及适配器如图 1.13 所示,使用时,需要将 R 端接"0"。

2.四位输入器

　　四位输入器(图 1.14)可以产生 4 路独立的 + 5 V/0 V 电平,拨动开关改变电平状态。连接实验板后,灯亮表示高电平(逻辑 1),灯灭表示低电平(逻辑 0)。

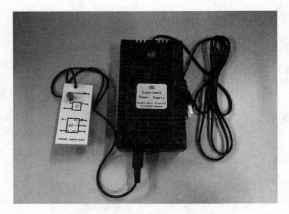

图 1.13 直流电源及适配器

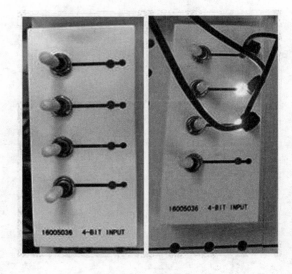

图 1.14 四位输入器

3.四位输出器

四位输出器(图 1.15)用于指示逻辑电平状态,灯亮表示高电平(逻辑 1),灯灭表示低电平(逻辑 0)。使用时,需要先用导线将使能端与"0"连接,模块才能正常工作。

4.芯片座

芯片座有 14 针、16 针、24 针三种类型,分别对应不同针数的芯片,不同的芯片座不能通用。使用时,芯片的半圆凹槽与芯片座的半圆标志要保持方向一致,然后压紧固定芯片,图 1.16 所示为芯片安装(14 针)。芯片座上的"0"和"5 V"分别与实验板的 GND 和 VCC 导通,可用导线连接到相应的芯片引脚上。

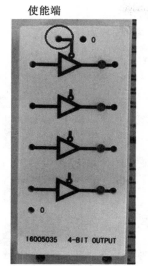

图 1.15　四位输出器　　　　　　　图 1.16　芯片安装(14 针)

5.数码显示器

数码显示器(图 1.17)由两个相互独立的七段数码管组成,内部有译码器,4 位输入按照从高到低的顺序为 DCBA。

图 1.17　数码显示器

1.3　远程在线实验装置

1.3.1　系统硬件框架

远程在线实验装置(平台)型号为 ELF – BOX。此智能在线实验平台包含真实的实验元器件、电路实物模块及示波器、信号发生器等测量仪器。学生可以在实验室外具备网络条件的任何地方,通过计算机远程操控智能实验平台上的实物电路和测量仪表,实现与在现场操作一样的电路元器件调整效果和测量结果。借助此系统,按要求上传的关键数据被自动存入学生账号下,可实现远程全"真"硬件实验,以及实验室内、外大数据采集无死角。在配备数据采集卡的情况下,可使用虚拟仪器平台,支持本地无示波器和信号源条件下的实际电路设计和测试实验。远程在线实验平台管理系统如图 1.18 所示。

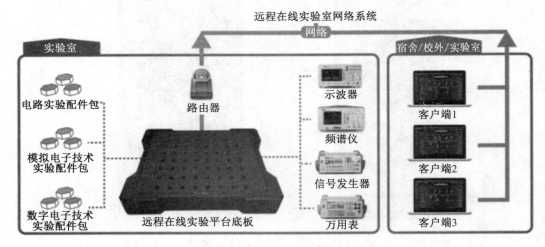

图 1.18　远程在线实验平台管理系统

ELF - BOX 远程在线实验平台支持热拔插各种元器件设备包,主要有常规的电阻包、电容包、电感、数字电子技术相关芯片包、集成电路包、模拟电子技术相关晶体管包、集成运放包等,最多可支持 12 种设备包同时工作。远程在线实验平台元器件模块工作模式如图 1.19 所示。

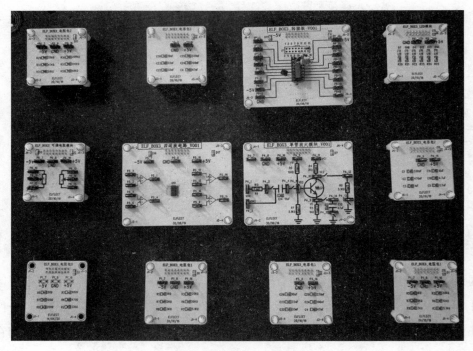

图 1.19　远程在线实验平台元器件模块工作模式

1.3.2　系统软件支持

ELF－BOX 是由硬件设备和软件后台组成的实验教学闭环系统,既可支持传统的本地实际接线实验,又可支持远程操控设备实验。学生端操作界面从原理图设计调试,到仪器仪表操作,自动读取、记录、上传测量值和波形,以及通过摄像头观察真实示波器,非常方便灵活。原理图中改变任何一个器件参数或任何一条线路时,其对实验结果的影响可以通过示波器实时观察,实验效率大大提高。

软件系统主要包含以下功能模块。

① 远程预约管理系统。

② 在线实时控制仪器系统。

③ 在线实验报告系统。

后台软件系统中,学生、老师、管理员等不同角色对应不同权限,清晰易管理。学生填写实验报告时,可以合成同一实验条件下的所有测量数据、波形。学生主要应用客户端来完成远程实验,客户端可通过摄像头显示真实仪器、真实元器件、真实数据,也可使用仪器模拟工作台显示本地回传数据形成的测试数据和波形。远程实验客户端界面如图 1.20 所示。

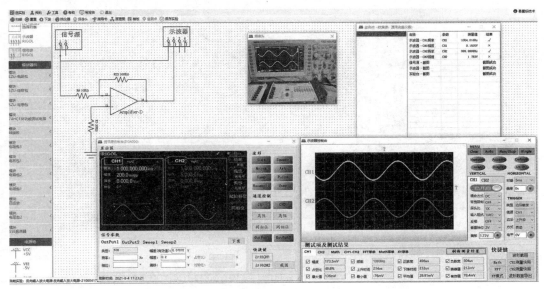

图 1.20　远程实验客户端界面

如何通过远程客户端来操作本地实验平台,完成相应实验项目,可以参看 5.2 节、5.3 节实验项目。

第 2 章　　常用实验仪器设备的使用

2.1　　混合数字示波器

1.功能介绍

示波器本质上是一种图形显示设备,可描绘电信号的图形曲线。在大多数应用中,呈现的图形能够表明信号随时间的变化过程,纵轴(Y) 表示电压,横轴(X) 表示时间。混合数字示波器面板实物图如图 2.1 所示。示波器探头是把电路测量点连接到示波器输入上的某类设备,如图 2.2 所示。面板菜单按钮和旋钮对应示波器中的许多功能,这里做简要介绍。

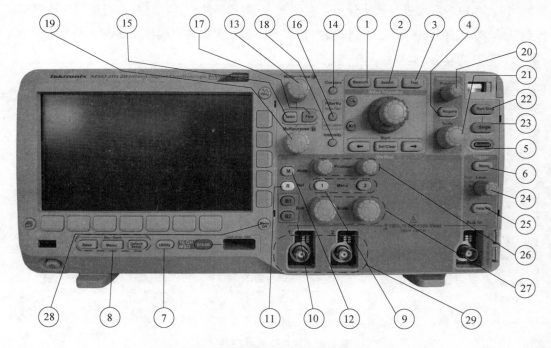

图 2.1　混合数字示波器面板实物图

① 测量(Measure)。按测量按钮可以对波形执行自动测量或光标配置。

② 搜索(Search)。按搜索按钮可以在捕获数据中搜索用户定义的事件／标准。

③ 测试(Test)。按测试按钮可以激活高级的或专门应用的测试功能。

④ 采集(Acquire)。按采集按钮可以设置采集模式并调整记录长度。

图 2.2　示波器探头

⑤ 自动设置（Autoset）。按自动设置按钮可以对示波器执行自动设置，可以自动设置垂直、水平和触发控制，以进行有用、稳定的显示。

⑥ 触发菜单（Menu）。按触发菜单按钮可以指定触发设置。

⑦ 功能菜单（Utility）。按功能菜单按钮可以激活系统辅助功能，如选择语言或设置日期和时间。

⑧ 保存／调出（Save/Recall）菜单。按下 Save/Recall 菜单可以保存和调出内部存储器或 USB 闪存驱动器内的设置、波形和屏幕图像。

⑨ 通道 1、2 菜单。按下通道 1、2 菜单即可设置输入波形的垂直参数，并在显示器上显示或删除相应的波形。

⑩ B1 或 B2（Bus）。如果有对应的模块应用密钥，则按下 B1 或 B2 按钮即可定义和显示串行总线。

⑪ R。按 R 按钮可以管理基准波形，包括显示每个基准波形或删除所显示的基准波形。

⑫ M。按 M 按钮可以管理数据波形，包括显示数据波形或删除所显示的数据波形。

⑬ 通用旋钮 a（Multipurpose a）激活后，旋转通用旋钮 a 可以移动光标、设置菜单项的数字参数值或从选项的弹出列表中进行选择。按附近的"精细"按钮可以在粗调和微调之间进行切换。当通用旋钮 a 或 b 被激活时，屏幕图标会提示。

⑭ 光标（Cursors）。光标按钮按一次便可激活两个垂直光标，再按一次可以打开两个垂直光标和两个水平光标，再按一次将关闭所有光标。光标打开时，可以旋转通用旋钮以控制其位置。

⑮ 选择（Select）。按选择按钮可以激活特殊功能。例如，当使用两个垂直光标（水平光标不可见）时，可以按此按钮链接光标或取消光标之间的链接。当两个垂直光标和两个水平光标都可见时，可以按此按钮激活垂直光标或水平光标。

⑯ 滤波器（FilterVu）。按下滤波器按钮可在过滤信号中无用噪声的同时仍然捕获毛刺。

⑰ 精细（Fine）。按下精细按钮可以使用通用旋钮 a 和 b 的垂直和水平位置旋钮、触发

电平旋钮以及许多操作在粗调和精细之间进行切换。

⑱ 亮度(Intensity)。按下亮度按钮,可用通用旋钮 a 控制波形的显示亮度,用通用旋钮 b 控制刻度亮度。

⑲ 通用旋钮 b(Multipurpose b) 激活后,旋转通用旋钮 b,可以移动光标或设置菜单项的数字参数值。按精细按钮可以更缓慢地进行调整。

⑳ 水平位置(Horizontal Position)。旋转水平位置旋钮可以调整触发点相对于采集的波形的位置。按精细按钮可以进行更小调整。

㉑ 水平标度(Horizontal Scale)。旋转水平标度旋钮可以调整水平标度(时间／分度)。

㉒ 运行／停止(Run/Stop)。按运行／停止按钮可以开始或停止采集。

㉓ 单次(Single)。按单次按钮可以进行单一采集。

㉔ 触发电平(Level)。旋转触发电平旋钮可以调整触发电平。按下触发电平旋钮可将触发电平设为 50%。按触发部分的位置旋钮可将触发位置设为波形的中点。

㉕ 强制触发(Force Trig)。按强制触发按钮可以强制执行立即触发事件。

㉖ 垂直位置(Vertical Position)。旋转垂直位置旋钮可以调整相应波形的垂直位置。按精细按钮可以进行更小调整。

㉗ 垂直标度(Vertical Scale)。旋转垂直标度旋钮可以调整相应波形的垂直标度因子(伏特／分度)。

㉘ 菜单关闭(Menu Off)。按菜单关闭按钮可以清除屏幕中显示的菜单。

㉙ 模拟通道输入区域。两个波形通道,其颜色分别对应屏幕中不同颜色的波形,接入电压探头的测试端(BNC 端)。

2.使用方法

示波器的一个重要功能是对采集到的信号进行显示和分析。下面介绍如何使用面板菜单按钮和旋钮来设置示波器通过模拟通道采集信号。

(1) 打开电源开关,给示波器供电,将电压探头 BNC 端连接至模拟通道输入端,电压探头另一端夹至电路地。

(2) 按下选择的模拟通道开关键,显示采集到的波形、数据等,分别设置触发控制、水平控制、垂直控制、测量控制等相关按键,调节波形显示。

(3) 调节触发控制,有两种选择,可使用自动设置(Autoset) 自动控制来自动触发,或者使用手动触发(Trigger) 界面的菜单。

① 按下 Trigger 界面的菜单(Menu) 按键,通过显示屏下方对应的软键选择触发源、触发类型、耦合方式等。

② 耦合方式选择注意有两种,DC(直流)耦合、AC(交流)耦合,当波形具有较大的 DC 偏移量时,使用 AC 耦合可获得较稳定的边沿触发。

③ 旋转触发电平(Level)旋钮,调整触发电平,使采集波形趋于稳定。

(4) 调节水平控制、垂直控制,使采集波形包含波形边沿,至少一个完整周期的波形显示。

(5) 探头设置,按下相应模拟通道选择键,在示波器垂直菜单中设置衰减(探头因子)使之与探头匹配。示波器的默认衰减为 10 ×,如需更改,请在任一模拟通道的"探头设置"下方 Bezel 菜单中设置。

(6) 测量控制,按下界面 Measure(测量)按键,可根据提示测量波形的周期、频率、各种幅值、占空比、均方根等多种测量值。

注意:触发模式确定了示波器在没有触发事件的情况下的行为方式。

(1) 使用正常触发模式时,示波器只在触发时才采集波形。如果没有任何触发,则显示保留在显示屏的上一次采集的波形记录。如果上次未采集波形,则不显示波形。

(2) 使用自动触发模式时,即使没有发生任何触发,示波器也会采集波形。自动模式使用计时器,当采集开始并且获取预触发信息后启动。如果在计时器超时之前未检测到触发事件,则示波器将强制触发。

(3) 在没有有效触发事件而进行强制触发时,自动模式与显示屏上的波形无法同步。波形将滚动通过屏幕。如果发生有效触发,显示屏将变成稳定状态。

3.注意事项

(1) 示波器始终使用接地电源线,不要阻断电源线接地。

(2) 测量时探头接地端须与电路共地。如需在两活动点间测量,须使用差分探头。

(3) 模拟通道最大输入电压要符合量程,不可超量程使用,最大输入电压不能超过有效值 300 V。如果测量的电压超过 30 V,建议使用 10∶1 的探头。

2.2　台式数字万用表

1.功能介绍

台式数字万用表 Model 2110 是五位半数字双显示数字万用表,是一种多用途电子测量仪器,可以进行电压、电阻、电流、二极管、电容、通断等测量,其面板实物图如图 2.3 所示。

说明:右上输入 INPUT 接头上面的图标表示测量量,包括电压、电阻、二极管通断和电容。

① 测量端子。HI 和 LO 为输入端子,可用于除电流和 TC(热电偶)以外的所有测量。进

行电压测量时,最大输入电压为 1 000 V;3 A 和 10 A 为电流输入端子,用于所有直流和交流电流测量。

② 功能及操作按键区。功能按键是白色的,按功能按键即可令仪器执行特定功能。例如,按 DCV 功能键可选择直流电压功能。操作按键是灰色的,按操作按键即可令仪器执行特定操作。例如,在选择直流电压功能后,按 CONFIG 按键可以输入直流电压功能的配置菜单。功能切换键是蓝色的,按功能切换键即可执行切换功能或操作。例如,先按 SHIFT,后按 ACV（ACI）键进行切换。

③ 功能切换键,即 SHIFT 键。

④ 功能按键。按功能按键即可令仪器执行特定功能。

⑤ 切换功能。通过按功能切换键可完成切换功能,如 DCV 和 DCI 之间的切换。

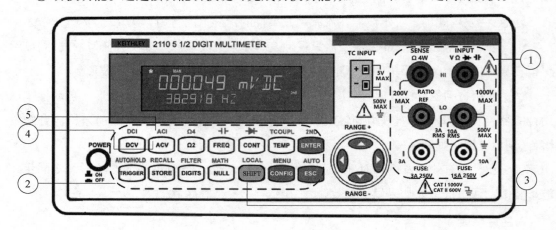

图 2.3　台式数字万用表面板实物图

2.使用方法

Model 2110 五位半数字双显示数字万用表可以执行下列测量,电压（直流和交流）、比率（输入直流电压／参考直流电压）、电流（直流和交流）、电阻（2 线和 4 线）、频率和周期（电压输入或电流输入）、导通性、二极管测试、温度（热电阻（RTD）和热电偶）、电容。这里仅介绍电压、电流和电阻测量。

（1）电压测量步骤。

① 按 DCV（DCI）键来测量直流电压或按 ACV（ACI）键来测量交流电压。

② 选择测量范围（自动或手动）。自动范围为开机默认设置。如果选择了手动范围设置（MAN 指示器打开）,则可通过按 SHIFT（LOCAL）键,然后按 ESC（AUTO）键来选择自动范围;通过按 RANGE▲ 和 ▼ 键来选择测量范围。

③ 将信号连接到仪器上,观察显示屏上的读数。如果输入信号超出选定的范围,则会显示溢出消息 OVLD。用于直流和交流电压测量的线路连接图如图 2.4 所示。

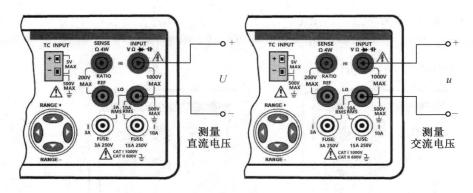

图 2.4　电压测量的线路连接图

（2）电流测量步骤。

台式万用表可测量最高 10 A 的直流和交流电流,直流电流测量范围为 10 mA、100 mA、1 A、3 A 和 10 A,交流电流测量范围为 1 A、3 A 和 10 A。

① 选择电流测量功能,按 SHIFT,然后按 DCV（DCI）键以测量直流电流;按 SHIFT 键,然后按 ACV（ACI）键以测量交流电流。

② 选择测量范围（自动或手动）。自动范围为开机默认设置。如果选择了手动范围设置（MAN 指示器打开）,则可通过按 SHIFT 键,然后按 ESC（AUTO）键来选择自动范围;通过按 RANGE▲ 和 ▼ 键来选择测量范围。

③ 将信号连接到仪器上,观察显示屏上的读数。如果输入信号超出选定的范围,则会显示溢出消息 OVLD。用于直流和交流电流测量的线路连接图如图 2.5 所示。

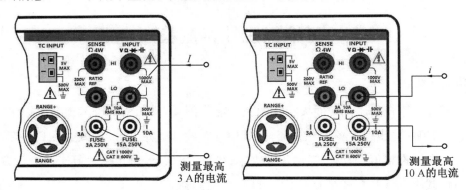

图 2.5　电流测量的线路连接图

（3）电阻测量步骤。

① 将被测设备连接至仪器,选择电阻测量功能。按 Ω2 键选择 2 线欧姆。按 SHIFT 键,然后按 Ω2（Ω4）键选择 4 线欧姆。

② 选择测量范围（自动或手动）。自动范围为开机默认设置。如果选择了手动范围设置（MAN 指示器打开）,则可通过按 SHIFT 键,然后按 ESC（AUTO）键来选择自动范围;通过

按 RANGE▲ 和 ▼ 键来选择测量范围。

③ 观察显示屏上的读数。用于电阻测量的线路连接图如图 2.6 所示,电路的电流从 INPUT 的 HI 流向 INPUT 的 LO。

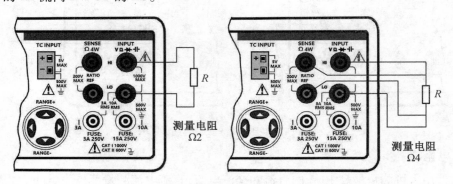

图 2.6　电阻测量的线路连接图

3.注意事项

(1) 切勿对 Model 2110 万用表施加超过 1 000 V 的电压。施加过高电压有造成电击的危险,可能造成人身伤害或死亡,还可能损坏仪器。

(2)3 A 输入端的最大输入为 3 A、250 V;10 A 输入端的最大输入为 10 A。超过这些输入限值会损坏电流保险丝。

(3) 为防止发生可能导致受伤或死亡的电击,切勿在连接热电偶的情况下对 INPUT LO 端子应用电压。

2.3　可编程线性直流稳压电源

1.功能介绍

可编程线性直流稳压电源面板实物图及功能如图 2.7 所示。DP832A 电源提供三种输出模式,包括恒压输出(CV) 模式、恒流输出(CC) 模式和临界(UR) 模式。在 CV 模式下,输出电压等于电压设置值,输出电流由负载决定;在 CC 模式下,输出电流等于电流设置值,输出电压由负载决定;UR 模式是介于 CV 和 CC 之间的临界模式。

2.使用方法

这里仅介绍恒压输出模式的操作方法。

(1) 恒压输出端子接线如图 2.8 所示,将负载与相应通道的面板通道输出端子连接。打开电源开关键,启动仪器。选择通道,根据需要输出的电压值,选择合适的输出通道。按对应的通道选择键,此时显示屏突出显示该通道、通道编号、输出状态及输出模式。

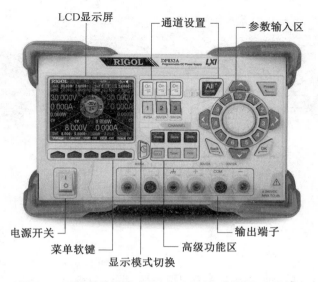

图 2.7　可编程线性直流稳压电源面板实物图及功能

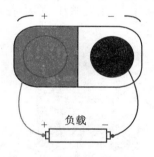

图 2.8　恒压输出端子接线

（2）设置电压。按电压菜单键,设置所需的电压值。

（3）打开输出。打开对应通道的输出,用户界面将突出显示该通道的实际输出电压以及输出模式（CV）。

（4）检查输出模式。恒压输出模式下,输出模式显示为"CV",如果输出模式显示为"CC",需要立即关掉输出,检查电路,改正错误,再重置电源,重启后接入电路。

在某些电路中,需要正负电源,例如 ±15 V 电源的接法如图 2.9 所示。注意两通道电源设定值均为 15 V。

3.注意事项

（1）禁止超量程设置电压或者电流。

（2）在常规电路实验中,严禁接入 PE 端子（PE 代表地线）。

（3）在恒流输出模式下,输出电流等于电流设定值,输出电压由负载决定,此时为限流模式,电流和电路负载有关,而非真实恒流模式,因此此电源不可用作恒流源。

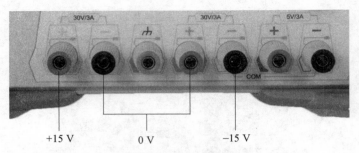

图 2.9　±15 V 电源的接法

2.4　手持数字万用表

1.功能介绍

手持数字万用表是一种多用途电子测量仪器,可以进行电压、电阻、电流、二极管、电容、通断等测量。图 2.10 所示为手持数字万用表 287C,图中各部分说明如下。

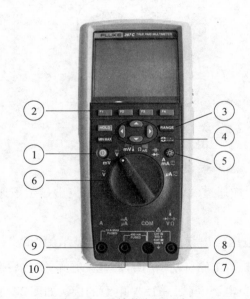

图 2.10　手持数字万用表 287C

① 电源键。

② 功能选择键。功能选择键用于选择与旋转开关功能挡相关的子功能和模式。

③ 方向键。方向键用于选择菜单项。

④ 量程键。量程键用于将仪表量程模式切换至手动模式。

⑤ 背光键。背光键用于切换显示屏背光为关闭、低亮度或高亮度。

⑥ 旋转开关。

⑦ 输入端子 COM。

⑧ 输入端子 V。

⑨ 输入端子 A。

⑩ 输入端子 mA/μA。

2.使用方法

（1）旋转开关的使用。

旋转开关周边的图标表示不同的测量功能，将开关切换到其中一个图标，可以选择对应的测量功能挡。

（2）输入端子的使用。

除电流以外的所有功能挡都使用输入端子 V 和输入端子 COM，包括测量电压、通断、电阻、二极管、电导、电容频率、温度、周期和占空比。

测量电流时使用两个电流输入端子（A 和 mA/μA）。当电流在 0 ～ 400 mA 之间时，使用输入端子 mA/μA 和输入端子 COM。当电流在 0 ～ 10 A 之间时，使用输入端子 A 和输入端子 COM。

（3）测量方法。

以测量直流电压为例。

① 将旋转开关转到直流 V 或者 mV 挡，黑色表笔接输入端子 COM，红色表笔接输入端子 V，如图 2.11 所示。

② 打开手持数字万用表电源，两个表笔分别连接被测电压的两端。注意被测电压的正负方向，通常红色表笔接正端，黑色表笔接负端。

③ 显示屏上出现读数，显示直流电压的值和极性。

图 2.11　表笔连接方法（测量直流电压）

3.注意事项

（1）测量电压、电流时，被测量值不允许超过手持数字万用表的最大量程。

（2）为避免烧断仪表的 440 mA 保险丝，只有确定所测量的电流低于 400 mA 时，才能使用 mA/μA 端子。万用表两个表笔之间不允许短路（测量通断功能时除外）。

2.5　双通道任意波形发生器

1.面板介绍

函数信号发生器,也称为信号源。DG4062 双通道函数信号发生器,最高输出频率为 60 MHz,具有两个独立的功能完全相同的通道,通道间相位可调,其面板如图 2.12 所示。

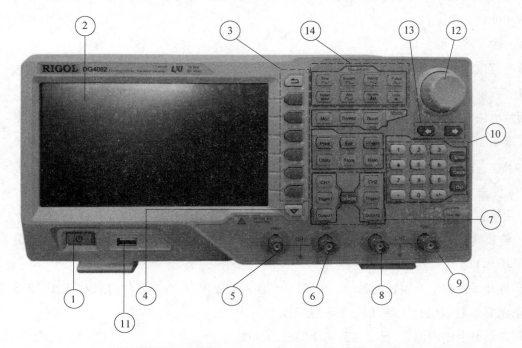

④⑤⑥⑦⑧⑨⑩ 图 2.12　DG4062 双通道函数信号发生器面板

图 2.12 中各部分说明如下。

① 电源键。

② 用户界面(LCD 屏)。

③ 菜单软键。菜单软键与用户界面右侧内容一一对应,按下则激活对应的菜单。

④ 菜单翻页键。

⑤ CH1 输出端。BNC 连接器,输出阻抗为 50 Ω。

⑥ CH1 同步输出端。BNC 连接器,输出阻抗为 50 Ω。 当 CH1 打开同步时,该连接器输出与 CH1 当前配置相匹配的同步信号。

⑦ 通道控制区。

⑧ CH2 输出端。BNC 连接器,输出阻抗为 50 Ω。

⑨ CH2 同步输出端。BNC 连接器,输出阻抗为 50 Ω。 当 CH2 打开同步时,该连接器输

出与 CH2 当前配置相匹配的同步信号。

⑩ 数字键盘。数字键盘用来输入参数。

⑪ U 盘接口。

⑫ 旋钮。旋钮用于调整参数,增大(顺时针)或减小(逆时针)当前突出显示的数值。

⑬ 方向键。在设置参数时,方向键用来切换数值的位。在文件名输入时,方向键用来移动光标位置。

⑭ 波形选择区。波形选择区选择输出波形为正弦波、方波、锯齿波、脉冲波、噪声或自定义波形。当某个波形按键背光变亮时,表示已选择该波形。

2.使用方法

(1) 通道控制。

① 以 CH1 为例,按下 CH1 按键后,背光变亮,此时可以设置 CH1 的波形和参数。

② Trigger1 为手动触发按键,在扫频或脉冲串模式下,用来手动触发 CH1 产生一次扫频或脉冲串输出。

③ 按下 Output1 按键后,背光变亮,CH1 输出波形;当 Output1 按键背光熄灭时,CH1 无输出信号。

(2) 输出基本波形。

以 CH2 输出一个正弦波形为例,频率为 2 kHz,有效值为 2 V,直流偏移为 + 1 V。

① 通道配置。设置输出阻抗,按下功能(Utility)按键,选择 CH1 设置菜单,然后选择阻抗菜单,切换为"高阻"状态。再按一次 Utility 按键,退出当前界面。

② 选择波形模式。波形选择区的默认状态为正弦波。

③ 选择输出通道。选择 CH2 作为输出,按下 CH2 按键,背光点亮,同时用户界面上 CH2 区域高亮显示,此时可以设置 CH2 的参数。

④ 设置频率或周期。用户界面此时显示为频率菜单,使用数字键输入 2,然后选择频率单位为 kHz。

⑤ 设置正弦波的幅度。按下幅值菜单,使用数字键输入 2,然后选择电压单位为 Vrms(有效值);按下偏移菜单,设置正弦波的直流偏移为 + 1 V。

⑥ 设置起始相位。默认起始相位为 0,保持不变。

⑦ 参数设置完毕,按下 Output2 按键,此时 CH2 输出具有指定参数的正弦波。

3.注意事项

(1) 信号源的输出禁止短路。

(2) CH1 与 CH2 不可同时被选中。可以先选中 CH1,完成波形和参数的配置后,再选中 CH2 进行配置。

（3）在波形反相时，与波形相关的同步信号并不反相。

2.6　　数字交流毫伏表

数字交流毫伏表 SM2030A 面板实物图及功能按键如图 2.13 所示，在使用过程中，按照功能键的提示，使用 AUTO 功能测量交流电压即可。部分按键功能介绍如下。

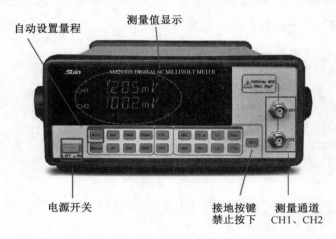

图 2.13　　数字交流毫伏表 SM2030A 面板实物图及功能按键

（1）通道选择按键。CH1 选择通道 1 信号，CH2 选择通道 2 信号。

（2）量程选择按键。选择 AUTO 模式后，仪表根据测量信号的大小自动选择量程，对应的按键点亮。

（3）L1、L2 按键。L1、L2 按键用于选择显示屏的第一或第二行，可对选中的行设置输入通道、量程、显示单位。

（4）测量选择区。dBV 为电压电平按键，0 dBV = 1 V；dBm 为功率电平按键，1 dBm = 1 W（600 Ω）；Vpp 为电压峰峰值；Rel 为复位。

2.7　　恒　流　源

恒流源型号为 SL1500，由理论分析可知，恒流源输出不可开路。在实际恒流源产品中，会有输出开路保护，当出现输出开路时，电源输出被限定在 50 V 保护状态；当接负载后的实际输出电压大于 50 V 时，进入恒压模式，电源已不是恒流源。

恒流源面板实物图如图 2.14 所示，面板由电压显示数码管、电流显示数码管、电流设定旋钮、电源开关、输出接线端子等组成。

打开电源开关，恒流源接通电源，当电压显示数码管显示"CURR"时，表示恒流源未输出电流，可调节电流设定旋钮，预设电流值大小，由电流显示数码管显示。按下电流设定旋钮,则恒流源输出设定电流。

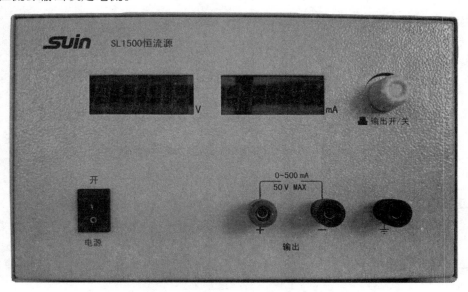

图 2.14　恒流源面板实物图

第 3 章　　电工与电子技术基础实验

3.1　　电阻元件伏安特性及电源外特性

3.1.1　实验目的

（1）学习测量线性和非线性电阻元件伏安特性的方法，并绘制其特性曲线。

（2）学习测量电源外特性的方法，学习使用直流电压表、电流表，掌握电压、电流的测量方法。

（3）掌握运用伏安法判定电阻元件类型的方法。

3.1.2　预习要点

（1）复习直流电路的理论知识，完成实验预习内容。

（2）观看实验仪器的使用视频，认真预习实验注意事项。

（3）预习实验内容和步骤，了解实验项目。

3.1.3　实验设备与元器件

实验所需要的设备与元器件列表见表 3.1。

表3.1　实验设备与元器件列表

名称	型号	数量
三相空气开关	30121001	1 块
双路可调直流电源	30121046	1 块
恒流源	30111113	1 块
直流电压电流表	30111047	1 块
电阻器	宝徕配套	若干
白炽灯泡	12 V/0.1 A	1 只
灯座	$M = 9.3$ mm	1 只
短接桥和连接导线	P8 - 1 和 50148	若干
实验用九孔插件方板	300 mm × 298 mm	1 块

3.1.4　实验原理

1.电阻元件

（1）伏安特性。

电阻元件的伏安特性是指元件的端电压与通过该元件电流之间的函数关系。设计测量电路,可测定电阻元件的伏安特性,由此可得元件性质,此方法称为伏安测量法(伏安法)。根据测量数据,作出电压和电流的曲线,即为该电阻元件的伏安特性曲线。

（2）线性电阻元件。

线性电阻元件的伏安特性满足欧姆定律。在关联参考方向下,$U=IR$,其中 R 为常量,不随电压或电流的改变而改变,其伏安特性曲线是一条过原点的直线。线性电阻元件的伏安特性曲线如图 3.1(a) 所示。

（3）非线性电阻元件。

非线性电阻元件的伏安特性不满足欧姆定律,阻值 R 随着电压或电流的改变而改变,其伏安特性是一条过原点的曲线。非线性电阻元件的伏安特性曲线如图 3.1(b) 所示。

(a) 线性电阻元件的伏安特性曲线　　　　　　(b) 非线性电阻元件的伏安特性曲线

图 3.1　电阻元件伏安特性曲线

（4）测量方法。

在被测电阻元件上加不同极性和幅值的电压,测量流过该元件的电流。或令被测电阻元件中流入不同方向和幅值的电流,测量该元件两端的电压,可测得被测电阻元件的伏安特性。

2.直流电压源

理想的直流电压源输出固定幅值的电压,输出电流取决于外电路,因此其外特性曲线如图 3.2(a) 中实线所示,实际电压源的外特性曲线如图 3.2(a) 中虚线所示。在线性工作区,可以用理想电压源 U_s 和内阻 R_i 串联的电路模型来表示,如图 3.2(b) 所示。图 3.2(a) 中角 θ 越大,电压源内阻 R_i 越大。实际电压源的电压 U 和电流 I 的关系式为

$$U = U_s - R_i \cdot I \tag{3.1}$$

将电压源与可调负载电阻串联,改变负载电阻 R_2 的阻值,测量电流和端电压,便可以得

到被测电压源的外特性。

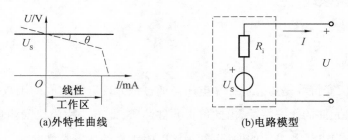

(a)外特性曲线　　　　　　　　(b)电路模型

图 3.2　　电压源端口特性及模型

3.直流电流源

理想的直流电流源输出固定幅值的电流,而其端电压的大小取决于外电路,因此其外特性曲线如图 3.3(a) 中实线所示,实际电流源的外特性曲线如图 3.3(a) 中虚线所示。在线性工作区,可以用一个理想电流源 I_s 和内导 $G_i(G_i = 1/R_i)$ 并联的电路模型来表示,如图 3.3(b) 所示。图 3.3(a) 中的角 θ 越大,实际电流源内导 G_i 值越大。实际电流源的电流 I 和电压 U 的关系式为

$$I = I_s - U \cdot G_i \qquad (3.2)$$

电流源外特性的测量方法与电压源外特性的测量方法一样。

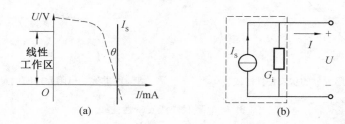

(a)　　　　　　　　　　　　(b)

图 3.3　　电流源端口特性及模型

3.1.5　　实验步骤

1.测量线性电阻元件的伏安特性

实验前,应对设备及电路元器件进行检测,确保正常,检测范围如下。

① 直流稳压电源、恒流源工作是否正常。

② 用万用表检测电路中电阻器、导线等元器件是否正常。

完成上述工作后,才能进行实验。

(1) 按图 3.4 所示线性电阻元件的实验线路接线,取 $R_L = 51\ \Omega$,U_s 用直流稳压电源,先将输出电压旋钮置于零位,R 作为限流电阻,可选择 $51 \sim 100\ \Omega$ 之间。

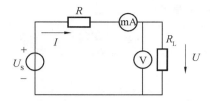

图 3.4 线性电阻元件的实验线路

（2）调节稳压电源输出电压旋钮，使电压 U_S 分别为 0 ～ 10 V，测量对应的电流值和负载 R_L 两端电压 U，数据记入表 3.2 中。断开电源，将稳压电源输出电压旋钮置于零位。

表3.2 线性电阻元件实验数据

U_S/V	0	1	2	3	4	5	6	7	8	9	10
I/mA											
U/V											
R/Ω $(R = U/I)$											

（3）根据测得的数据，使用坐标纸，先取点，再用光滑曲线连接各点，绘制出线性电阻元件 $R_L = 51\ \Omega$ 的伏安特性曲线。

2.测量非线性电阻元件的伏安特性

（1）按图 3.5 所示非线性电阻元件的实验线路接线，实验中所用的非线性电阻元件为 12 V/0.1 A 小灯泡。

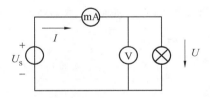

图 3.5 非线性电阻元件的实验线路

（2）调节稳压电源输出电压旋钮，使其输出电压分别为 0 ～ 12 V，测量对应的电流值 I 及灯泡两端电压 U，将数据记入表 3.3 中。断开电源，将稳压电源输出电压旋钮置于零位。

表3.3 非线性电阻元件实验数据

U_S/V	0	1	2	3	4	5	6	7	8	9	10	11	12
I/mA													
U/V													
R/Ω $(R = U/I)$													

（3）根据测得的数据，使用坐标纸，先取点，再用光滑曲线连接各点，绘制出非线性电阻元件白炽灯的伏安特性曲线。

3.测量理想直流电压源的伏安特性

（1）按图3.6所示理想直流电压源实验线路接线,将直流稳压电源视为直流电压源,取 $R = 100\ \Omega$。

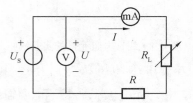

图 3.6　理想直流电压源实验线路

（2）将稳压电源的输出电压调节为 $U_S = 10\ V$,改变电阻 R_L 的值,使其分别为 100 Ω、51 Ω、22 Ω、10 Ω、5.1 Ω 和 1 Ω,测量其对应的电流 I 和直流电压源端电压 U,数据记入表3.4 中。

表3.4　理想直流电压源实验数据

R_L/Ω	100	51	22	10	5.1	1
I/mA						
U/V						

（3）根据测得的数据,使用坐标纸,先取点,再用光滑曲线连接各点,绘制出理想直流电压源的伏安特性曲线。

4.测量实际直流电压源的伏安特性

（1）按图3.7 所示实际直流电压源实验线路接线,将直流稳压电源 U_S 与电阻 r_0（取 51 Ω）相串联来模拟实际直流电压源,取 $R = 100\ \Omega$。

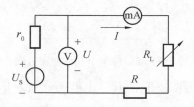

图 3.7　实际直流电压源实验线路

（2）将稳压电源输出电压调节为 $U_S = 10\ V$,改变电阻 R_L 的值,使其分别为 100 Ω、51 Ω、22 Ω、10 Ω、5.1 Ω 和 1 Ω,测量其对应的电流 I 和实际电压源端电压 U,数据记入表3.5 中。

表3.5　实际直流电压源实验数据

R_L/Ω	100	51	22	10	5.1	1
I/mA						
U/V						

（3）根据测得的数据,使用坐标纸,先取点,再用光滑曲线连接各点,绘制出实际直流电压源的伏安特性曲线。

5.测量理想直流电流源的伏安特性

（1）按图 3.8 所示理想直流电流源实验线路接线,R_L 为可变负载电阻。

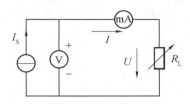

图 3.8　理想直流电流源实验线路

（2）调节直流电流电源的输出电流为 $I_S = 24$ mA,改变 R_L 的值分别为 330 Ω、220 Ω、100 Ω、50 Ω 和 22 Ω（其中 330 Ω 采用 220 Ω 与 100 Ω 串联,50 Ω 采用两个 100 Ω 并联）,测量对应的电流 I 和电压 U,数据记入表 3.6 中。

表3.6　理想直流电流源实验数据

R_L/Ω	330	220	100	50	22
I/mA					
U/V					

（3）根据测得的数据,使用坐标纸,先取点,再用光滑曲线连接各点,绘制出理想直流电流源的伏安特性曲线。

6.测量实际直流电流源的伏安特性

（1）按图 3.9 所示实际直流电流源实验线路接线,R_L 为负载电阻,取 $r_0 = 1$ kΩ,将 r_0 与电流源并联来模拟实际电流源。

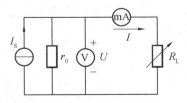

图 3.9　实际直流电流源实验线路

（2）调节直流电流源输出电流为 $I_S = 24$ mA,改变 R_L 的值分别为 330 Ω、220 Ω、100 Ω、50 Ω 和 22 Ω,测量对应的电流 I 和电压 U,数据记入表 3.7 中。

表3.7 实际直流电流源实验数据

R_L/Ω	330	220	100	50	22
I/mA					
U/V					

（3）根据测得的数据,使用坐标纸,先取点,再用光滑曲线连接各点,绘制出实际直流电流源的伏安特性曲线。

3.1.6 注意事项

（1）遵守实验室的各项规章制度。

（2）电源接入电路前,需用电压表和电流表调好电压源和电流源的数值。

（3）在实验过程中,不允许带电换线、换元器件、接线。

（4）在实验过程中,稳压电源不允许短路,恒流源不允许开路。

（5）电压表要与被测元器件并联,电流表要与被测支路串联。

（6）离开实验室前,需关掉电源,拆线,整理实验台,将元器件放回原处。

3.1.7 思考与分析

电压源和电流源的装置上都有输出值显示,而在实验中为什么要使用电压表和电流表来校准输出电压值和输出电流值呢?

3.2 基尔霍夫定律

3.2.1 实验目的

（1）熟悉常用电工电子仪器仪表的用法。

（2）熟悉电流、电压参考方向的含义,掌握其应用。

（3）通过实验掌握并加深对基尔霍夫定律的理解。

3.2.2 预习要点

（1）复习基尔霍夫定律的理论知识,完成实验报告中的预习内容。

（2）观看实验仪器的使用视频,认真预习实验注意事项。

（3）完成实验报告中理论计算部分数据的填写。

3.2.3 实验设备与元器件

实验所需要的设备与元器件列表见表 3.8。

表3.8　实验设备与元器件列表

名称	型号	数量
直流稳压电源	DP832A	1 台
手持万用表	Fluke17B +	1 台
直流电压表	30111047	1 块
电阻器	宝徕电阻	若干
电流插孔	宝徕电流插孔	3 只
配套电流插孔导线	宝徕配套电流插孔导线	3 条
短接桥和连接导线	P8 - 1 和 50148	若干
实验用九孔插件方板	300 mm × 298 mm	1 块

3.2.4　实验原理

基尔霍夫定律与集中参数电路元器件性质无关。基尔霍夫电流定律(KCL)是对与节点相连的支路电流的约束,基尔霍夫电压定律(KVL)是对回路中所包含的支路电压的约束。因此基尔霍夫定律也称为电路的结构约束,是建立电路方程的重要依据。

1. 广义基尔霍夫电流定律

在集中参数电路中,任一时刻,流出(或流入)任一闭合边界 S(或节点)的支路电流代数和等于零,即

$$\sum i_k = 0 \tag{3.3}$$

式中,i_k 表示第 k 条支路电流。当电流参考方向为流出节点时,电流取"＋"号;否则取"－"号。式(3.3)反映了所有支路电流之间的关系,这说明 KCL 与电路元器件无关,这表明,任一时刻,流出任一闭合边界电流的代数和等于流入该闭合边界电流的代数和,即

$$\sum i_{流出} = \sum i_{流入} \tag{3.4}$$

2. 广义基尔霍夫电压定律

在集中参数电路中,任一时刻,沿任一回路,各支路电压的代数和等于零,即

$$\sum u_k = 0 \tag{3.5}$$

式中,u_k 表示第 k 条支路电压。当电压参考方向与回路方向一致时,电压前面取"＋"号;否则取"－"号。式(3.5)称为回路的 KVL 方程,是任一回路包含的支路电压必须满足的约束条件,推广到一般情况为,沿任一回路,各支路电压降的代数和等于电压升的代数和,即

$$\sum u_{电压降} = \sum u_{电压升} \tag{3.6}$$

3.2.5　实验步骤

实验前,应对设备及电路元器件进行检测,确保正常,检测范围如下。

① 直流稳压电源、恒流源工作是否正常。

② 用万用表检测电路中电阻、导线等元器件是否正常。

完成上述工作后,才能进行实验。验证基尔霍夫定律(KCL 和 KVL)的实验线路如图 3.10 所示。其中电阻参数根据使用的实验平台,可供参考的选择为 $R_1 = 150\ \Omega$、$R_2 = 220\ \Omega$、$R_3 = 100\ \Omega$、$R_4 = 510\ \Omega$。

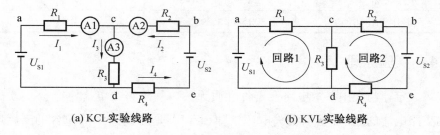

(a) KCL实验线路　　　　　　　　　(b) KVL实验线路

图 3.10　基尔霍夫定律实验线路

1.验证基尔霍夫电流定律

按图 3.10(a) 接线,调节直流稳压电源 DP832A,令 $U_{S1} = 15$ V、$U_{S2} = 10$ V。将直流电流表(30111047) 依次串入电路中,测出电流 I_1、I_2、I_3(以节点 c 为例),数据记入表 3.9 中。根据 KCL 定律式(3.3) 计算 $\sum I$,将结果填入表 3.9 中,验证 KCL。

表3.9　KCL 实验数据验证表格

节点 c	I_1/mA	I_2/mA	I_3/mA	$\sum I$
计算值				
测量值				

注意事项:

稳压电源的红色接线柱为正极,黑色接线柱为负极,不可短接。接好电路检查后才能通电。

电流 I_1、I_2、I_3 可用测电流插孔和测电流导线配合测量,接入电流表后,将电流表串入电路。

2.验证基尔霍夫电压定律

按图 3.10(b) 接线,调节直流稳压电源 DP832A,令 $U_{S1} = 15$ V、$U_{S2} = 10$ V。用万用表的 DC 电压挡依次测出回路 1(绕行方向为 acda) 和回路 2(绕行方向为 cbedc) 中各支路电压值,数据记入表 3.10 中。根据 KVL 定律式(3.5),计算 $\sum U$,将结果填入表 3.10 中,验证 KVL。

注意:用万用表的 DC 电压挡位测试电压,红色表笔连接万用表"V"孔,与被测电压的"正"端连接,代表"正";黑色表笔连接万用表"COM"孔,与被测电压的"负"端连接,代表"负"。按照参考方向测量电压,屏上即显示带符号的电压值。

表3.10　KVL 实验数据验证表

回路 1 (acda)	直流电压	U_{cd}/V	U_{da}/V	U_{ac}/V	$\sum U$	
	理论值					
	测量值					
回路 2 (cbedc)	直流电压	U_{cb}/V	U_{be}/V	U_{ed}/V	U_{dc}/V	$\sum U$
	理论值					
	测量值					

3.测定节点电位

按图 3.10(b) 接线,分别以 b、d 两点作为参考节点(即 $V_b = 0$、$V_d = 0$),测量各节点电位和节点间电位差,数据记入表 3.11 中。根据结果分析电路中任意两点间的电压与参考点的选择是否有关。

表3.11　不同参考点电位与电位差

电位测量值/V	b 为参考节点	d 为参考节点	电位差计算值/V	b 为参考节点	d 为参考节点
V_a			U_{ac}		
V_b			U_{cb}		
V_c			U_{be}		
V_d			U_{ed}		
V_e			U_{dc}		

3.2.6　注意事项

(1)遵守实验室的各项规章制度。

(2)电源接入电路前,需用电压表和电流表调好电压源和电流源的数值。

(3)在实验过程中,不允许带电换线、换元器件、接线。

(4)在实验过程中,稳压电源不允许短路,恒流源不允许开路。

(5)电压表要与被测元器件并联,电流表要与被测支路串联。

(6)离开实验室前,需关掉电源,拆线,整理实验台,将元器件放回原处。

3.2.7　思考与分析

约定了电流、电压的参考方向后,二端电路的功率计算得出的数值,正值和负值表示何种意义?

3.3　叠 加 定 理

3.3.1　实验目的

(1)熟悉常用电工电子仪器仪表的用法。
(2)熟悉电流、电压参考方向的含义,掌握其应用。
(3)通过实验掌握并加深对叠加定理的理解。

3.3.2　预习要点

(1)复习叠加定理的理论知识,完成实验报告中的预习内容。
(2)观看实验仪器的使用视频,认真预习实验注意事项。
(3)完成实验报告中理论计算部分数据的填写。

3.3.3　实验设备与元器件

实验所需要的设备与元器件列表见表 3.12。

表3.12　实验设备与元器件列表

名称	型号	数量
直流稳压电源	DP832A	1 台
手持万用表	Fluke17B +	1 台
直流电压表	30111047	1 块
电阻器	宝徕电阻	若干
短接桥和连接导线	P8 - 1 和 50148	若干
实验用九孔插件方板	300 mm × 298 mm	1 块

3.3.4　实验原理

叠加定理是指在线性电路中,几个独立电源共同作用产生的响应等于各个独立电源单独作用时产生响应的代数和。图 3.11 所示为电压源、电流源共同作用与分别单独作用电路。

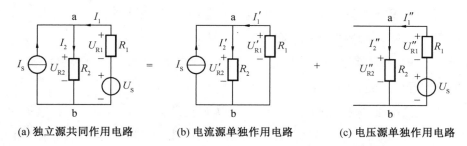

(a) 独立源共同作用电路   (b) 电流源单独作用电路   (c) 电压源单独作用电路

图 3.11 电压源、电流源共同作用与分别单独作用电路

在图 3.11（a）中，设 U_S 和 I_S 共同作用时，在电阻 R_1 上产生的电压、电流分别为 U_{R1}、I_1，在电阻 R_2 上产生的电压、电流分别为 U_{R2}、I_2。当电压源 U_S 不作用，即 $U_S = 0$ 时，在 U_S 处用短路线代替；当电流源 I_S 不作用，即 $I_S = 0$ 时，在 I_S 处用开路代替，电源内阻保留。

（1）令电流源 I_S 单独作用时引起的电压、电流分别为 U'_{R1}、U'_{R2}、I'_1、I'_2，电路如图3.11（b）所示。

（2）令电压源 U_S 单独作用时引起的电压、电流分别为 U''_{R1}、U''_{R2}、I''_1、I''_2，电路如图3.11（c）所示。

电压、电流的参考方向如图 3.11 所示。叠加定理的验证如下：

$$\begin{cases} U_{R1} = U'_{R1} + U''_{R1} \\ U_{R2} = U'_{R2} + U''_{R2} \end{cases}, \quad \begin{cases} I_1 = I'_1 + I'' \\ I_2 = I'_2 + I''_2 \end{cases} \tag{3.7}$$

3.3.5 实验步骤

实验前，应对设备及电路元器件进行检测，确保正常，检测范围如下。

① 直流稳压电源、恒流源工作是否正常。

② 用万用表检测电路中电阻、导线等元器件是否正常。

完成上述工作后，才能进行实验。按图 3.12 所示叠加定理验证线路图接线，取直流电压源 $U_S = 10$ V，直流电流源 $I_S = 20$ mA，电阻 $R_1 = 220$ Ω，电阻 $R_2 = 100$ Ω。

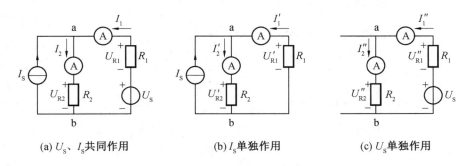

(a) U_S、I_S 共同作用   (b) I_S 单独作用   (c) U_S 单独作用

图 3.12 叠加定理验证线路图

实验前需要明确以下几点要求。

① 直流电压源或直流恒流源一般由电子元器件组成,直接关掉后将成为负载,不满足理想电压源内阻为零,理想电流源内阻无穷大的要求。

② 此实验中,如需将某个电源从电路中移除,则需遵循"移去电压源的支路短路,移去电流源的支路开路"的原则。

③ 在测量数据时,应按照图 3.12 中的参考方向测量各电压、电流。测试电压、电流的大小,同时判断电压、电流的实际方向是否与参考方向一致。当测量出电压、电流为正值时,说明电压、电流的实际方向与参考方向相同;当测量出电压、电流为负值时,说明电压、电流的实际方向与参考方向相反。

按照如下顺序,测量各支路电流和电阻元件两端的电压值。

(1)当 U_S、I_S 共同作用时,测量电路如图 3.12(a)所示。

(2)当电源 I_S 单独作用时,电压源 U_S 置零,电压源处短路,测量电路如图 3.12(b)所示。

(3)当电源 U_S 单独作用时,电流源 I_S 开路,将电流源关闭,测量电路如图 3.12(c)所示。

使用实验台上的电流表测量各支路电流,使用万用表的 DC 电压挡测量电阻元件两端的电压,数据记入表 3.13 中相应位置。

表3.13　验证叠加定理实验数据

理论计算数据 （电压 /V, 电流 /mA）	U_S、I_S 共同作用	$U_{R1} =$	$U_{R2} =$	$I_1 =$	$I_2 =$
	U_S 单独作用	$U'_{R1} =$	$U'_{R2} =$	$I'_1 =$	$I'_2 =$
	I_S 单独作用	$U''_{R1} =$	$U''_{R2} =$	$I''_1 =$	$I''_2 =$
	式(3.7)计算结果				
测量数据 （电压 /V, 电流 /mA）	U_S、I_S 共同作用	$U_{R1} =$	$U_{R2} =$	$I_1 =$	$I_2 =$
	U_S 单独作用	$U'_{R1} =$	$U'_{R2} =$	$I'_1 =$	$I'_2 =$
	I_S 单独作用	$U''_{R1} =$	$U''_{R2} =$	$I''_1 =$	$I''_2 =$
	式(3.7)计算结果				

根据表 3.13 中数据判断叠加定理是否验证成功。

3.3.6　注意事项

(1)遵守实验室的各项规章制度。

(2)电源接入电路前,需用电压表和电流表调好电压源和电流源的数值。

(3)在实验过程中,不允许带电换线、换元器件、接线。

(4)在实验过程中,稳压电源不允许短路,恒流源不允许开路。

(5)电压表要与被测元器件并联,电流表要与被测支路串联。

（6）离开实验室前,需关掉电源,拆线,整理实验台,将元器件放回原处。

3.3.7　思考与分析

（1）电阻上的功率是否也符合叠加定理,请通过对实验数据的计算来分析。

3.4　戴维南定理

3.4.1　实验目的

（1）熟悉常用电工电子仪器仪表的用法。
（2）熟悉电流、电压参考方向的含义,掌握其应用。
（3）通过实验掌握戴维南定理,并加深对其的理解。
（4）了解戴维南定理是简化复杂电路的一种有效方法。

3.4.2　预习要点

（1）复习戴维南定理的理论知识,完成实验报告中的预习内容。
（2）观看实验仪器的使用视频,认真预习实验注意事项。
（3）完成实验报告中理论计算部分数据的填写。

3.4.3　实验设备与元器件

实验所需要的设备与元器件列表见表 3.14。

表3.14　实验设备与元器件列表

名称	型号	数量
直流稳压电源	DP832A	1 台
手持万用表	Fluke17B +	1 台
直流电压表	30111047	1 块
电阻器	宝徕电阻	若干
短接桥和连接导线	P8 - 1 和 50148	若干
实验用九孔插件方板	300 mm × 298 mm	1 块

3.4.4　实验原理

线性含源一端口网络的对外作用可以用一个电压源串联一个电阻的电路来等效代替。其中电压源的电压等于此一端口网络的开路电压,而电阻等于从此一端口网络看进去所有独立电源置零后的等效电阻。戴维南定理示意图如图 3.13 所示。

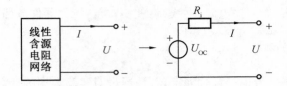

图 3.13 戴维南定理示意图

下面介绍测量等效电路参数的实验方法。

1.测量开路电压

将一端口网络开路,用直流电压表直接测量开路电压,示意图如图 3.14 所示。

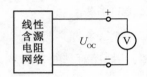

图 3.14 测量开路电压示意图

2.测量等效电阻

将一端口网络内独立电源置零,用万用表的欧姆挡测出一端口网络的等效电阻,如图 3.15(a) 所示,或在端口处外加一个电压源,通过测量端口电压 U_o 与电流 I_o,计算 $U_o/I_o = R_i$,如图 3.15(b) 所示。

(a) 用万用表测等效电阻   (b) 用外加电源法测电阻

图 3.15 测量等效电阻的示意图

3.4.5 实验步骤

实验前,应对设备及电路元器件进行检测,确保正常,检测范围如下。

① 直流稳压电源、恒流源工作是否正常。

② 用万用表检测电路中电阻、导线等元器件是否正常。

完成上述工作后,才能进行实验。戴维南定理的验证实验电路接线图如图 3.16 所示。端口 ab 左边为含源一端口网络,端口 ab 可以处于开路状态。

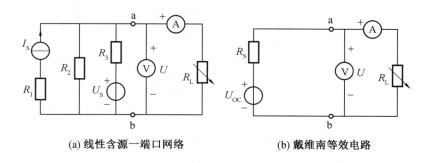

图 3.16　戴维南定理的验证实验电路接线图

1.测量含源一端口网络的等效电路参数

按照图 3.16(a) 接线，$U_S = 5$ V，$I_S = 20$ mA，$R_1 = 100$ Ω，$R_2 = 220$ Ω，$R_3 = 510$ Ω，R_L 为 $0 \sim 10$ kΩ 的可调电阻，先计算电路参数，然后按照测量开路电压和等效内阻的方法，测量 ab 一端口网络的戴维南等效电路参数，数据记入表 3.15 中。

表3.15　线性含源一端口网络等效电路参数

等效参数	等效电路参数计算值	等效电路参数测量值
测量开路电压，用万用表直流电压挡测量	$U_{OC} =$	$U_{OC} =$
测量等效内阻方法 1：独立电源置零，用万用表的欧姆挡测量	$R_i =$	$R_i =$
测量等效内阻方法 2：独立电源置零，在 ab 端口处加 $U_o = 10$ V 的直流电压，测量端口电流 I_o，则 $R_i = U_o/I_o$。	$R_i =$	$R_i =$

2.测量含源一端口网络的外特性

将一端口网络接上 10 kΩ 的可调负载 R_L，如图 3.16(a) 所示。调节负载 R_L 值，测量 ab 端口的电压与电流，数据记入表 3.15 中。

3.测定戴维南等效电路的外特性

（1）用前面测得的含源网络的开路电压 U_{OC} 和等效电阻 R_i 组成戴维南等效电路，如图 3.16(b) 所示。

（2）调节负载电阻 R_L，令电流理论设定数值为表 3.16 所示，测量 ab 端口的实际电压与电流，数据记入表 3.16 中。

表3.16 含源一端口网络及戴维南等效电路外特性数据

参数	改变 R_L	值	R_L 最大	R_L 变小	R_L 变小	R_L 变小	R_L 最小
含源一端口网络的外特性	I/mA	理论值		5	10	15	
		测量值					
	U/V	理论值					
		测量值					
戴维南等效电路的外特性	I/mA	理论值		5	10	15	
		测量值					
	U/V	理论值					
		测量值					

4.画出外特性曲线

在同一坐标纸上画出图 3.16（a）所示的线性含源一端口网络和图 3.16（b）所示的戴维南等效电路的外特性曲线,分析比较两条曲线,给出结论。

3.4.6　注意事项

（1）遵守实验室的各项规章制度。

（2）电源接入电路前,需用电压表和电流表调好电压源和电流源的数值。

（3）在实验过程中,不允许带电换线、换元器件、接线。

（4）在实验过程中,稳压电源不允许短路,恒流源不允许开路。

（5）电压表要与被测元器件并联,电流表要与被测支路串联。

（6）离开实验室前,需关掉电源,拆线,整理实验台,将元器件放回原处。

3.4.7　思考与分析

（1）理论课中还学习了诺顿定理,如何参考戴维南定理的验证实验,设计完成诺顿定理的验证实验?

（2）等效电源定理简化复杂电路的适用范围有哪些?

3.5　日光灯电路功率因数调节实验

3.5.1　实验目的

（1）理解和验证日光灯的工作原理。

（2）理解交流电路中电压、电流的相量关系。

（3）理解感性负载电路中，提高功率因数的方法。

3.5.2　预习要点

（1）复习 R、L 串联电路中电压与电流的关系。

（2）在 R、L 串联与 C 并联的电路中，研究如何求 $\cos\varphi$ 值。

（3）观看实验仪器的使用视频，认真预习实验注意事项、日光灯的启动过程和工作原理。

3.5.3　实验设备与元器件

实验所需要的设备与元器件列表见表 3.17。

表3.17　实验设备与元器件列表

名称	型号	数量
三相空气开关	30121001	1 块
三相熔断器	30121002	1 块
单相调压器	30121058	1 块
日光灯开关	30121012	1 块
日光灯镇流器板带电容	30121036	1 块
启辉器	30121012	1 块
单相电量仪	30121098	1 块
强电短接桥和强电安全导线	P12 − 1 和 B511	若干

3.5.4　实验原理

日光灯电路主要由日光灯管、镇流器和启辉器组成，其工作原理如图 3.17 所示。

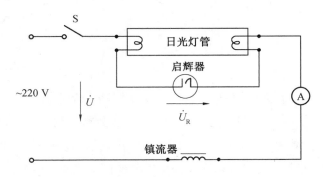

图 3.17　日光灯工作原理

日光灯管是一种气体放电管，可以认为是一个电阻负载。当灯管两端加电压，电流通过灯管时，管内气体电离，产生弧光放电而发光。镇流器是一个铁芯电感线圈，是电感量较大的感性负载,起到产生瞬时高电压和稳定日光灯工作电流的作用。日光灯管和镇流器串联构成一个 R、L 串联电路。

启辉器内含双金属片,动片与定片即为两个电极。当接通电源后,启辉器内气体电离放电,双金属片受热弯曲伸长,使动片与定片接触,两电极接通,日光灯管即产生弧光放电而发光,灯管灯丝接通,然后启辉器两端电压下降,启辉器放电结束,双金属片冷却,动片与定片分开,两电极重新分开,日光灯启辉过程结束,镇流器稳定日光灯工作电流。请思考,为什么启辉过程结束,日光灯正常工作后,不能再次启辉?

日光灯工作等效电路图如图 3.18 所示。

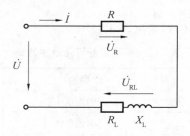

图 3.18　日光灯工作等效电路图

首先回顾一下 R、L、C 元件上电压与电流的相量关系(图 3.19)。在电阻 R 上,电压与电流同相位;在电感 L 上,电压比电流超前90°;在电容 C 上,电压比电流滞后90°。以上关系在相量图中,可表示为如图 3.19(a) ~ (c) 所示。电阻负载主要消耗电源的有功功率,电感和电容负载主要消耗电源的无功功率。从相量关系可以看出,电感负载和电容负载在一定条件下,可以相互抵消一部分无功功率。

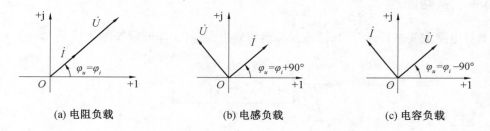

(a) 电阻负载　　　　　(b) 电感负载　　　　　(c) 电容负载

图 3.19　R、L、C 元件上电压与电流的相量关系

由等效串联电路可知,日光灯是感性负载。与大多数家用负载一样,日光灯功率因数较低,这会导致线路电流增加、损耗增加,因此减小电流、提高功率因数,对供电线路十分重要。实验室常用与感性负载并联电容器的方法来提高日光灯的功率因数。日光灯提高功率因数的电路设计(日光灯电路并联电容器后的电路图)如图 3.20 所示。

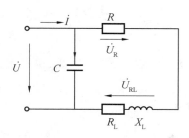

图 3.20　日光灯提高功率因数的电路设计

电源提供的线路电流公式如下：

$$\dot{I} = \dot{I}_{\mathrm{RL}} + \dot{I}_{\mathrm{C}} \tag{3.8}$$

式中，$\dot{I}_{\mathrm{RL}}$ 为日光灯电流；$\dot{I}_{\mathrm{C}}$ 为并联电容器电流。通过并联电容器，日光灯线路无功功率被抵消一部分，线路电流 $\dot{I}$ 减小，线路功率因数提高。当并联电容器完全补偿线路的无功功率时，线路电流达到最小，电路负载呈纯阻性，此时电源提供的无功功率为零（电容、电感的无功功率完全抵消）。若继续增加电容量，则电路由感性负载变为容性负载，线路电流 $\dot{I}$ 反而增大，功率因数开始下降。日光灯并联电容器后的相量图（并联电容器补偿无功功率的电压电流相量变化，以及负载性质变化过程）如图 3.21 所示。

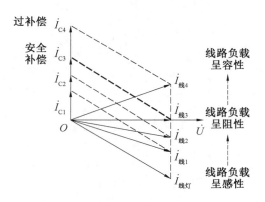

图 3.21　日光灯并联电容器后的相量图

3.5.5　实验步骤

因本次实验电源选择为市电 220 V，属于实验室强电实验范围，因此在连接电路前特别强调几点安全问题，请务必认真阅读，注意人身安全和实验设备元器件安全，再进行实验。

① 本次实验为强电实验，切记操作安全，手不能触碰线路中金属裸露位置。

② 电路为强电实验电路，所有设备和元器件均为强电专用，如强电专用导线（挂在实验板上的导线，有专用保护头）、强电专用短接桥（黑色）、单相电量仪（用于测电流、电压功率）

等,严禁使用弱电短接桥(白色)、弱电导线(无保护头)测电流插孔和实验面板上的直流电压表、直流电流表。

③ 注意接线安全和操作规范,严格遵守"接好线,再通电""先断电、再接线""先断电,后拆线""先断电,再更换电路"的操作规范。测试数据较多,需更换电路比较频繁,因此本条必须严格遵守,每次检查完毕后才能通电。

④ 日光灯灯管与镇流器必须串联,启辉器必须与日光灯灯管并联。

⑤ 通电后,待日光灯工作稳定后,方可读测量数据。

实验步骤如下:

(1)连接日光灯线路。

使用强电专用电线,连接日光灯线路,检查电路无误后,接通电源,打开日关灯开关,观察日光灯的启动过程。日光灯功率因数调节实验电路图如图 3.22 所示。

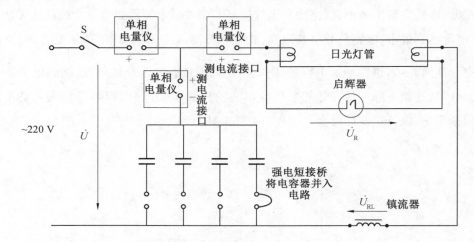

图 3.22   日光灯功率因数调节实验电路图

(2)测量日光灯正常工作时电路的参数。

确认日光灯工作正常后,测量日光灯电路的端电压 U、线路电流 I、灯管两端电压 U_R、镇流器两端电压 U_{RL} 及有功功率 P、无功功率 Q、视在功率 S,相位角 $\cos\varphi$,灯管的有功功率 P_R、无功功率 Q_R、视在功率 S_R,镇流器的有功功率 P_{RL}、无功功率 Q_{RL}、视在功率 S_{RL},数据记入表 3.18 中。

表3.18   日光灯正常工作时参数表

U		P		P_R		P_{RL}	
I		Q		Q_R		Q_{RL}	
U_R		S		S_R		S_{RL}	
U_{RL}		$\cos\varphi$		—	—	—	—

（3）并联电容器提高功率因数的研究。

按照日光灯电路功率因数调节实验原理,在日光灯电路两端并联电容器,接线如图 3.22 所示。实验平台提供的电容器容量有 1 μF、2 μF、3 μF 和 3.7 μF,可以并联多组,逐步提高功率因数。每次并联不同数值的电容器后,要测量电源电压 U、线路电流 I、日光灯电流 I_{RL}、并联电容器总电流 I_C 及电源提供的有功功率 P 的值,进而进行相量图的绘制,实验数据记入表 3.19 中。并联电容数值选取了 7 组,测试数据较多。为提高测试效率,减少重复接线,可将实验平台的黑色强电短接桥和并联电容器面板结合起来,将需要的电容器并联进入电路。

一定要先关上开关,再并联电容器。因为如果不关开关,不仅会有打火的声音,影响电容器寿命,而且非常危险。

表3.19　日光灯功率因数调节测量参数表

测量数据	电容 /μF						
	1	2	3	3.7	4.7	5.7	6.7
U/V							
I/A							
I_{RL}/A							
I_C/A							
P/W							
φ							
$\cos\varphi$							

3.5.6　注意事项

（1）遵守实验室的各项规章制度。

（2）市电电源接入电路前,必须先接入开关（开关必须处于断开状态,接线检查无误后,方可打开开关）。

（3）在实验过程中,不允许带电换线、换元器件,手不要接触电线裸露位置。

（4）单相电量仪的电压表（接线端子）要与被测元器件并联,单相电量仪的电流表（接线端子）要与被测支路串联。

（5）离开实验室前,需关掉电源,拆线,整理实验台,将元器件放回原处。

3.5.7　思考与分析

（1）并联电容器提高的是什么的功率因数,为什么要提高功率因数？

（2）并联电容器的选择应考虑哪些因素？单相功率表测量的电量哪些发生变化？　为

什么?

3.6 RLC 串联谐振及 RC 串并联选频网络

3.6.1 实验目的

（1）通过实验进一步理解 RLC 串联电路的频率特性，了解串联谐振现象。

（2）研究电路参数对串联谐振电路的影响，学习函数发生器和双通道示波器的用法。

（3）理解串联谐振电路的选频特性及应用，以及 RC 选频网络选频的实际意义。

（4）掌握测试通用谐振曲线和品质因数的测量、计算方法。

3.6.2 预习要点

（1）复习正弦交流电路串联谐振及频率特性的相关理论知识。

（2）观看实验仪器的使用视频，认真预习实验注意事项。

（3）根据实验电路计算谐振频率理论值。

3.6.3 实验设备与元器件

实验所需要的设备与元器件列表见表 3.20。

表3.20 实验设备与元器件列表

名　称	型号	数量
交流毫伏表	SM2030A	1 台
电感器	10 mH	1 只
电阻器	1 Ω、100 Ω、510 Ω、2 kΩ、15 kΩ	6 只
电容器	1 μF、2 200 pF、0.01 μF	4 只
信号发生器	TFG6960A	1 台
示波器	KEYSIGHT DSO2014A	1 台
短接桥和连接导线	P8 – 1 和 50148	若干
实验用九孔插件方板	300 mm × 298 mm	1 块

3.6.4 实验原理

1.RLC 串联谐振原理

对于任何含有电感线圈和电容元件的一端口电路，在一定条件下，电路负载可呈现纯电阻性,端口电压与电流同相位,则称一端口电路发生谐振,RLC 串联电路中发生的谐振称为串联谐振。RLC 串联谐振的频率特性测试电路原理图如图 3.23 所示。当外加角频率为 ω 的正弦电压 $\dot{U}$ 时,电路中的电流为 $\dot{I}$,即

$$\dot{I} = \frac{\dot{U}}{R_1 + \mathrm{j}\left(\omega L - \dfrac{1}{\omega C}\right)} \tag{3.9}$$

式中,R_1 为线路总电阻,$R_1 = R + r$,r 为电感线圈电阻。由式(3.9)可以看出,当 $\omega L = \dfrac{1}{\omega C}$ 时,电路发生串联谐振现象,电路负载性质变成纯阻性,谐振角频率为 $\omega_0 = 1/\sqrt{LC}$,谐振频率为

$$f_0 = \frac{1}{2\pi\sqrt{LC}} \tag{3.10}$$

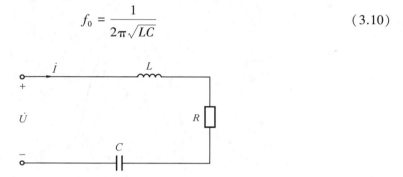

图 3.23　RLC 串联谐振的频率特性测试电路原理图

式(3.10)即为产生串联谐振的条件。由此可见,改变 L、C 或电源频率 f 都可以实现谐振。谐振时,特性阻抗为 $\rho = \omega_0 L = \dfrac{1}{\omega_0 C}$,品质因数为 $Q_品 = \dfrac{\omega_0 L}{R_1} = \dfrac{1}{\omega_0 C R_1} = \dfrac{\sqrt{L/C}}{R_1}$。谐振时,阻抗达到最小值,等于电阻 R_1,电流达到最大值为 $I = U/R_1$。此时有 $U_L = U_C$,引用特性阻抗和品质因数来表示电感电压和电容电压有效值,可得 $Q_品 = \dfrac{U_C}{U} = \dfrac{U_L}{U}$。如果品质因数 $Q_品 \gg 1$,谐振时的电感电压和电容电压应比电源电压大得多,端口电压即为电阻电压,因此串联谐振又称为电压谐振。

RLC 串联电路中的电流与外加电压角频率 ω 之间的关系称为电流的幅频特性,即

$$I(\omega) = \frac{U}{\sqrt{R_1{}^2 + \left(\omega L - \dfrac{1}{\omega C}\right)^2}}$$

以频率 f 为横坐标,电流 I 为纵坐标,绘制出的电流随频率变化的曲线,称为串联谐振的幅频特性曲线。当横坐标使用 $\dfrac{f}{f_0}$,纵坐标使用 $\dfrac{I}{I_0}$ 时,谐振曲线称为归一化谐振曲线,对应公式为

$$\frac{I}{I_0} = \frac{1}{\sqrt{1 + Q_{\text{品}}^2 \left(\dfrac{f}{f_0} - \dfrac{f_0}{f} \right)^2}} \tag{3.11}$$

品质因数 $Q_{\text{品}}$ 值相同的任何 RLC 串联谐振电路,只有一条归一化谐振曲线,因此也称为通用串联谐振曲线。图 3.24 所示为不同 $Q_{\text{品}}$ 值的通用串联谐振曲线。通频带 Δf 定义为,当 $\dfrac{I}{I_0} = \dfrac{1}{\sqrt{2}}$ 时,对应的频率 f_2(上限频率)和 f_1(下限频率)之间的宽度,通频带 Δf 与谐振频率 f_0 成正比,与品质因数 $Q_{\text{品}}$ 成反比。由图 3.24 可见,$Q_{\text{品}}$ 值越大,通频带越窄,电路的选择性越好。

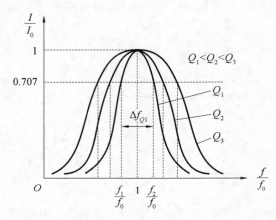

图 3.24　不同 $Q_{\text{品}}$ 值的通用串联谐振曲线

2. RC 串并联选频网络

RC 串并联选频网络多用于 RC 振荡电路及信号发生器中,其电路原理图如图 3.25 所示,由 R_1、C_1 串联及 R_2、C_2 并联网络组成,该电路输入信号 U_i 的频率变化时,其输出信号幅度 U_o 随着频率的变化而变化。

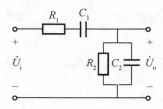

图 3.25　RC 串并联选频网络电路原理图

在实验中一般取 $R_1 = R_2 = R$,$C_1 = C_2 = C$,令 $\omega_0 = \dfrac{1}{RC}$,经过理论推导得出

$$\frac{\dot{U}_o}{\dot{U}_i} = \frac{1}{3 + j\left(\dfrac{\omega}{\omega_0} - \dfrac{\omega_0}{\omega}\right)} \tag{3.12}$$

式中，$\dot{U}_i$ 为输入电压信号的复数表达式；$\dot{U}_o$ 为输出电压信号的复数表达式。

电压传输系数 K 为

$$K = \left|\frac{\dot{U}_o}{\dot{U}_i}\right| = \frac{1}{\sqrt{3^2 + \left(\dfrac{\omega}{\omega_0} - \dfrac{\omega_0}{\omega}\right)^2}} \tag{3.13}$$

当角频率为 $\omega_0 = \dfrac{1}{RC}$ 时，频率为 $f_0 = \dfrac{\omega_0}{2\pi}$，幅频特性达到最大值 $\dfrac{1}{3}$，相频特性为零，因此称之为选频网络。由理论推导可知，当 $f > f_0\left(\dfrac{f}{f_0} > 1\right)$ 时，电路呈感性；当 $f < f_0\left(\dfrac{f}{f_0} < 1\right)$ 时，电路呈容性；当 $f = f_0\left(\dfrac{f}{f_0} = 1\right)$ 时，$K = K_0 = 1/3$，达到最大值，所以 $f = f_0 = \dfrac{1}{2\pi RC}$ 为谐振频率。对应不同的频率 $f = \dfrac{\omega}{2\pi}$，可以画出 RC 串并联网络的幅频特性曲线，如图 3.26 所示。

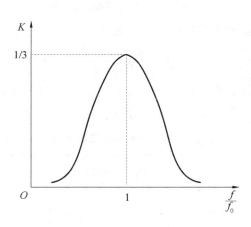

图 3.26　RC 串并联网络的幅频特性曲线

3.6.5　实验步骤

本次实验使用的信号发生器 TFG6960A 是根据实验需要定制的一款信号发生器，输出环节加入了一个功率输出单元，如果外部接线接入了此功率输出单元，则信号发生器的带载能力加强，输出信号电压会基本保持稳定，不会明显下降。注意：输出电压值是设定值的 2 倍。做实验前，请认真阅读本实验注意事项（3.6.7 节）。

1. 验证串联谐振电路

RLC 串联谐振电路原理图如图 3.23 所示,其实验线路接线图如图 3.27 所示。

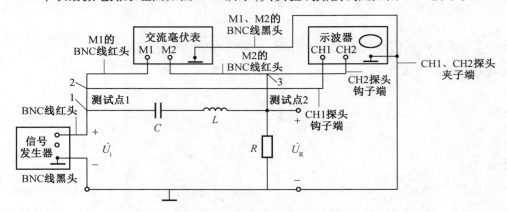

图 3.27　RLC 串联谐振电路实验线路接线图

本次实验采用改变电压信号频率的方式来实现串联谐振,信号发生器选择正弦电压输出。元件取值为 $R = 51\ \Omega$、$L = 10\ mH$、$C = 0.022\ \mu F$,利用选取的元件参数计算出谐振频率 $f_{0理论}$。信号发生器输出电压调至 250 mV 有效值,整个实验过程中,使用交流毫伏表监测信号源电压为 250 mV 不变,如果输出电压有效值有下降,请提高设定值。使用交流毫伏表测量电阻 R 上的电压有效值,使用示波器的双通道监测电阻 R 上的电压波形和信号发生器电压的波形。设定信号发生器频率在理论计算的谐振频率 $f_{0理论}$ 附近,调节信号发生器电压的频率,观察 $\dot{U}_R$ 的波形,当 $\dot{U}_R$ 的波形和输入电压 $\dot{U}_i$ 波形同相位时,电路达到谐振状态。此时,利用交流毫伏表测量出电压有效值 U_R、U_L、U_C,并读取信号发生器谐振频率 f_0,数据记入表 3.21 中,同时记下元件参数 R、L、C 的实际数值。

表3.21　串联谐振实验数据表格　　　　　　　　　$f_{0理论}$ = _____ Hz

$R =$	$U_R =$	$f_0 =$
$L =$	$U_L =$	$I_0 = U_R/R =$
$C =$	$U_C =$	$Q_{品} =$

2. 用示波器查看 RLC 串联谐振电路的波形相位关系

实验接线图如图 3.27 所示,R 取 510 Ω。双通道示波器的 CH1 通道与信号发生器的输出端连接,示波器显示电路的输入电压 u 的波形。双通道示波器的 CH2 通道与电阻 R 连接,示波器显示出电阻 R 上电压的波形,此波形与电路中电流 i 的波形同相位,因此可以直接看作电流 i 的波形。接线时要注意,示波器和信号发生器的接地端必须连接在一起。信号发生器的输出频率取实际测得的谐振频率 f_0,输出电压取 250 mV,调节示波器使屏幕上获得两个波形,将电流 i 和电压 u 的波形描绘下来。接下来,选择一个高于 f_0 的频率点和一个低于 f_0 的频率点,信号发生器输出电压仍保持 250 mV 有效值不变,画出 i 和 u 的波形。

调节信号发生器的输出频率,在 f_0 两侧缓慢变化,观察示波器屏幕上 i 和 u 波形的相位和幅度的变化,将其波形画入图 3.28 中,并分析其变化原因。

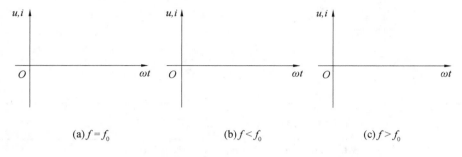

图 3.28　不同频率下的电压与电流波形

3. 测量串联谐振曲线

实验接线图如图 3.27 所示,信号发生器输出电压调至 250 mV,整个实验过程中,使用交流毫伏表监测信号发生器电压为 250 mV 有效值不变,如果输出电压有效值下降,请提高设定值。在谐振频率两侧调节信号发生器输出电压的频率,分别测量各频率点的电阻上电压有效值 U_R,数据记入表 3.22(a) 中(建议谐振点附近多测几组数据)。再将图 3.27 实验接线图中的 R 更换为 100 Ω、510 Ω,重复上述测量过程,数据记入表 3.22(b) 和表 3.22(c) 中。然后整理数据,使用描点法画出其通用串联谐振曲线,计算出各曲线的品质因数 $Q_品$。

表3.22(a)　　测量通用串联谐振曲线数据 1　　　　　　　U_i = _____ V

$R = 51\ \Omega, L = 10\ \text{mH}, C = 0.022\ \mu\text{F}, Q_品 =$													
f/kHz	1	2	4	6	8	9	$f_0 =$	11	12	14	16	18	20
U_R/mV													
I/mA													
$\dfrac{I}{I_0}$													
$\dfrac{f}{f_0}$													

表3.22(b)　　测量通用串联谐振曲线数据 2　　　　　　U_i = _____ V

$R = 100\ \Omega, L = 10\ \text{mH}, C = 0.022\ \mu\text{F}, Q_{品} =$														
f/kHz	1	2	4	6	8	9	$f_0 =$		11	12	14	16	18	20
U_R/mV														
I/mA														
$\dfrac{I}{I_0}$														
$\dfrac{f}{f_0}$														

表3.22(c)　　测量通用串联谐振曲线数据 3　　　　　　U_i = _____ V

$R = 510\ \Omega, L = 10\ \text{mH}, C = 0.022\ \mu\text{F}, Q_{品} =$														
f/kHz	1	2	4	6	8	9	$f_0 =$		11	12	14	16	18	20
U_R/mV														
I/mA														
$\dfrac{I}{I_0}$														
$\dfrac{f}{f_0}$														

4. RC 串并联选频网络

RC 串并联选频网络电路原理图如图 3.25 所示,其实验线路接线图如图 3.29 所示。将信号发生器的一个输出通道接到电路的输入端 AD。交流毫伏表的两个通道一个接到电路的输入端 AD,监测输入信号;另一个接到电路的输出端 CD,监测输出信号。$R_1 = R_2 = 15\ \text{k}\Omega, C_1 = C_2 = 0.01\ \mu\text{F}$。

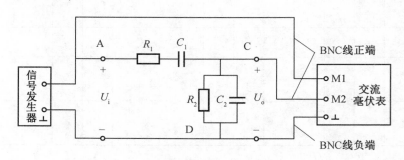

图 3.29　RC 串并联选频特性实验线路接线图

保持信号发生器输出电压有效值 $U_S = 9$ V,改变信号发生器的频率 f,用交流毫伏表测量相应频率点的输出电压有效值 U_o,数据记入表 3.23 中。

表3.23　　测量选频特性实验数据　　　　　　　　　　$U_i =$ _____ V

f/Hz	90	600	850	950	1 000	1 100	1 200	1 500	1 600	1 800	2 000
U_o											
$K = \dfrac{U_o}{U_i}$											

3.6.6　注意事项

（1）遵守实验室的各项规章制度。

（2）在实验过程中不允许带电接线、换线、换元器件。

（3）在实验过程中,信号发生器严禁短路,信号发生器的输出要使用交流毫伏表校准。

（4）信号发生器、交流毫伏表、示波器和实验电路要共地,即设备的黑色接线端要接在一个节点上。

（5）离开实验室前,需关掉电源,拆线,整理实验台,将元器件放回原处。

3.6.7　思考与分析

（1）在实验中,除了使用"判断信号发生器输出电压、电路电流同相位"方法判断串联谐振,还可用哪些方法来判断电路发生了串联谐振?

（2）RC 串并联选频网络电路一般应用于何种场合?

3.7　单管交流电压放大电路

3.7.1　实验目的

（1）学习判别晶体管的工作状态,学习三极管的输入特性和输出特性的测量方法。

（2）掌握晶体管放大电路静态工作点的调试方法,了解静态工作点的改变对放大电路性能的影响。

（3）了解饱和失真和截止失真对放大电路输出电压波形的影响。

（4）进一步熟悉示波器、低频信号发生器、交流毫伏表的使用。

3.7.2　预习要点

（1）复习共发射极交流电压放大电路的组成、放大原理和指标计算方法。

（2）观看实验仪器的使用视频及示例接线的实验视频。

（3）认真预习实验注意事项,完成所有计算值的计算,填写在实验指导书相应的栏目及表格中。

（4）考虑若提高电压放大倍数 A_u，应采取哪些措施？

3.7.3 实验设备与元器件

实验所需要的设备与元器件列表见表3.24。

表3.24 实验设备与元器件列表

名称	型号	数量
直流稳压电源	DP832A	1 台
信号发生器	DG4062	1 台
示波器	TEK MSO 2012B	1 台
交流毫伏表	SM2030A	1 台
手持万用表	Fluke 287C	1 台
三极管	9013、9012	2 只
电阻器	20 kΩ、1 kΩ、100 kΩ、2.4 kΩ、5 kΩ	若干
可变电阻器	220 kΩ、100 kΩ	2 只
电容器	10 μF/35 V、47 μF/35 V	3 只
短接桥和连接导线	P8 - 1 和 50148	若干
实验用九孔插件方板	300 mm × 298 mm	1 块

3.7.4 实验原理

半导体三极管也称双极型晶体管、晶体三极管，是一种重要的非线性半导体器件，具有放大作用和开关作用。晶体管包括两个 PN 结、三个电极（发射极、基极和集电极），对温度敏感。晶体管的特性曲线有输入特性曲线和输出特性曲线，如图 3.30 所示。

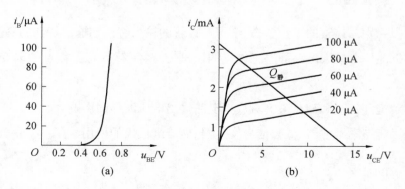

图 3.30 晶体管输入特性曲线和输出特性曲线

放大电路工作时，由于温度变化，晶体管参数发生变化，静态工作点会漂移，产生饱和失真或者截止失真，因此静态工作点要正确设置并且要设法稳定，避免受到温度影响。单管交流电压放大电路是最典型的工作点稳定电路,电路是分压偏置式共发射极交流电压放大电路,如图 3.31 所示。

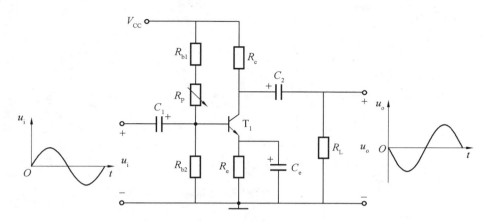

图 3.31　分压偏置式共发射极交流电压放大电路

晶体管为非线性元器件,为使晶体管工作在放大区,可按图 3.31 设计电路。为避免温度影响,利用基极偏置电阻和射极电阻之间的配合,建立了一个稳定而合适的静态工作点,保证了晶体管的正常工作。从晶体管的输出特性曲线中可以看出,如果 $Q_{静}$ 点过高(I_B、I_C 大,U_{CE} 小),晶体管将进入饱和区,产生饱和失真;若 $Q_{静}$ 点过低(I_B 小,则 I_C 小,U_{CE} 大),晶体管进入截止区,产生截止失真。调节基极偏置电阻(电位器)R_P 即可调整静态工作点。

图 3.31 中的电压放大倍数为

$$\dot{A}_u = \frac{\dot{U}_o}{\dot{U}_i} = -\beta \frac{R_c // R_L}{r_{be}} \tag{3.14}$$

测量电压放大倍数应在保证静态工作点在最佳位置,输出电压波形幅度最高且不失真的前提下进行。

3.7.5　实验步骤

做实验前,请认真阅读本实验注意事项(3.7.7 节)。

1. 判别晶体管的管型及管脚

晶体管的结构可看作是两个背靠背的二极管,图 3.32 所示为 PNP 型晶体管与 NPN 型晶体管结构等效图。对 PNP 型晶体管,基极是两个二极管的公共阴极;对 NPN 型晶体管,基极是两个二极管的公共阳极。因此,判别基极 B 是公共阳极还是公共阴极,即可知该晶体管是 PNP 型还是 NPN 型。

对于发射极 E 和集电极 C 的判别,可设计如图 3.33 所示电路图,R_b 可取 100 kΩ 及以上电阻。如果用万用表电阻测试端,将红表笔接于 N_1 端,黑表笔接于 N_2 端,测得的电阻小,说明电流大,即 I_C 大;反之,如果红、黑表笔互换,则测得的电阻大,即 I_C 小,此时表明,N_1 端是集电极 C,N_2 端是发射极 E。用两只手分别捏住 B、C 两极(B、C 不可接触),人体可代替图3.33 中 R_b 的作用。

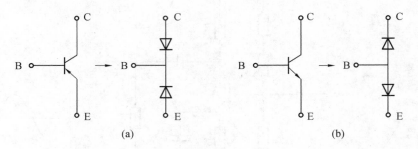

图 3.32　PNP 型晶体管与 NPN 型晶体管结构等效图

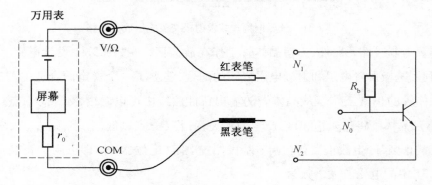

图 3.33　万用表电阻测试三极管发射极 E 和集电极 C 电路图

用万用表的二极管测试端判别晶体管 9012 和 9013 的管型,并将测试结果填入表 3.25中,对比 9012 和 9013 的测试结果。

表3.25　判别晶体管的管型及管脚记录表

极性判别	U_{BE}	U_{BC}	U_{CE}	U_{EB}	U_{CB}	U_{EC}	管型
9012							
9013							

2. 调整静态工作点及测量电压放大倍数

按图 3.34 所示调整静态工作点实验电路接线图接线,$R_{b1} = 20 \text{ k}\Omega$,$R_{b2} = 20 \text{ k}\Omega$,$R_c = 2.4 \text{ k}\Omega$,$R_e = 1 \text{ k}\Omega$,$R_P = 100 \text{ k}\Omega$,$C_1 = 10 \text{ μF}$,$C_2 = 10 \text{ μF}$,$C_e = 47 \text{ μF}$,$V_{CC} = 12 \text{ V}$。设输入信号 U_i 为正弦信号,其有效值为 $U_i = 10 \text{ mV}$,频率为 $f = 1 \text{ kHz}$。此信号从低频信号发生器取出,用交流毫伏表监测。直流电压 12 V 从直流稳压电源中取出,用万用表的直流电压挡监测。

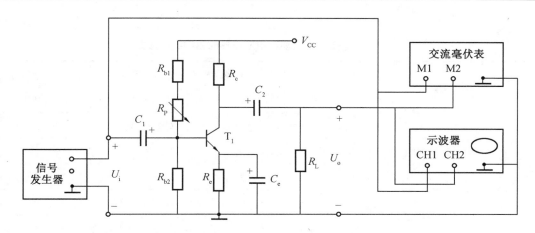

图 3.34　调整静态工作点实验电路接线图

按以下步骤调整静态工作点。

（1）将 $U_i = 10$ mV 输入信号和直流电压 12 V 接入电路。检查电路无误后,接通电源。

（2）按图 3.34 所示接线图接入示波器,通道 CH1 接放大电路的输入端,通道 CH2 接放大电路的输出端。注意:示波器要和直流稳压电源、信号发生器共地。

（3）调节电位器 R_P,用示波器观察放大电路的输出电压波形,当输出电压幅度最高且不失真时,静态工作点位置最佳,即工作点已经调好。

（4）工作点调好之后,关闭信号发生器,用万用表的直流电压挡分别测量 U_{BE}、U_{CE}、V_B、V_C 和电位器 R_P 的阻值,并计算 I_B、I_C,将相关数据填入表 3.26 中。

表3.26　测量静态工作点数据表

实测数据						根据实测计算的数据		
U_{BE}/V	U_{CE}/V	V_B/V	V_C/V	R_P/kΩ	R_e/kΩ	I_B/μA	I_C/mA	β

图 3.34 中,在静态工作点测量完毕之后,保持静态工作点不变（R_P 不变）,接通信号发生器。保持输入正弦信号电压有效值 $U_i = 10$ mV,频率 $f = 1$ kHz 不变（用交流毫伏表监测）。分别用交流毫伏表测量负载开路和有载情况下的输出电压 U_o,计算电压放大倍数填入表 3.27 中。

表3.27　测量电压放大倍数数据表

条件	U_i/mV	U_o/V	A_u
$R_L = \infty$（R_P 不变）	10		
$R_L = 10$ kΩ（R_P 不变）	10		
$R_L = 1$ kΩ（R_P 不变）	10		

3. 观测静态工作点对输出电压波形的影响

按图 3.34 所示实验电路接线,负载开路。按以下步骤调整静态工作点,测量数据填入

表 3.28 中。

表3.28 静态工作点对输出电压波形的影响实验数据

调节 R_P		静态工作点合适 $U_i = 10$ mV	R_P 减小 $U_i = 10$ mV	R_P 最大 $U_i = 10$ mV	静态工作点合适 $U_i = 20$ mV
静态工作点	测量参数 /V	$U_{CE} =$	$U_{CE} =$	$U_{CE} =$	$U_{CE} =$
		$U_{BE} =$	$U_{BE} =$	$U_{BE} =$	$U_{BE} =$
		$V_B =$	$V_B =$	$V_B =$	$V_B =$
	计算静态值	$I_B = $ μA	$I_B = $ μA	$I_B = $ μA	$I_B = $ μA
		$I_C = $ mA	$I_C = $ mA	$I_C = $ mA	$I_C = $ mA
波形失真情况					

（1）静态工作点合适的情况。

按照调整静态工作点的步骤调节 R_P，当静态工作点在最佳位置时，观察输出电压波形，画在图 3.35（a）中。然后关断信号发生器，用万用表的直流电压挡测量 U_{BE}、U_{CE}、V_B 的电压值，计算 I_B、I_C，填入表 3.28 中。

（2）饱和失真的情况。

将 R_P 的阻值逐渐调小，输入信号保持不变，观察输出电压波形，使波形出现饱和失真，在图 3.35（b）中画出输出电压波形。然后关断信号发生器，用万用表的直流电压挡测量 U_{BE}、U_{CE}、V_B 的电压值，计算 I_B、I_C，填入表 3.28 中。

（3）截止失真的情况。

首先断开直流电源，更换两个电阻，令 $R_{b1} \geqslant 100$ kΩ，$R_P = 220$ kΩ，按照调整静态工作点的步骤，调节 R_P，将 R_P 的阻值逐渐调大，直至最大，输入信号保持不变，观察输出电压波形，使波形出现截止失真，在图 3.35（c）中画出输出电压波形。然后关断信号发生器，用万用表的直流电压挡测量 U_{BE}、U_{CE}、V_B 的电压值，计算 I_B、I_C，填入表 3.28 中。

（4）输入信号增大的情况。

首先断电更换两个电路元件，$R_{b1} = 20$ kΩ，$R_P = 100$ kΩ，按照调整静态工作点的步骤，输入信号 $U_i = 10$ mV，频率 $f = 1$ kHz，调节 R_P，使之达到最佳静态工作点。然后逐渐增大 U_i，注意：$U_i < 20$ mV，观察输出电压波形，使输出电压波形同时出现饱和失真与截止失真，在图 3.35（d）中画出输出电压波形。用万用表的直流电压挡测量 U_{BE}、U_{CE}、V_B 的电压值，计算 I_B、I_C，填入表 3.28 中。

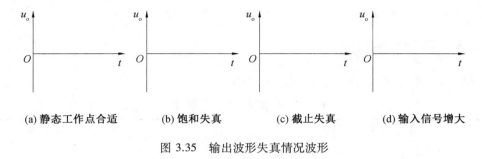

(a) 静态工作点合适　　(b) 饱和失真　　(c) 截止失真　　(d) 输入信号增大

图 3.35　输出波形失真情况波形

3.7.6　注意事项

（1）遵守实验室的各项规章制度。

（2）用交流毫伏表调好信号发生器的输出电压 10 mV 后，信号发生器才能接入电路。

（3）实验过程中不允许带电接线、换线、换元器件。

（4）实验过程中信号发生器不允许短路，耦合电容的极性不能接反。

（5）信号发生器、交流毫伏表、示波器和实验电路要共地，即各设备的黑色接线端要接在一个节点上。

（6）全部实验做完后，关掉电源，拆线，整理实验台，物归原处，方可离开实验室。

3.7.7　思考与分析

（1）在输入信号合适的情况下，晶体管放大电路出现饱和失真或截止失真的原因是什么？电路中应调整哪个元器件？

（2）如何提高放大电路的电压放大倍数？

3.8　集成运算放大器的应用

3.8.1　实验目的

（1）掌握集成运算放大器（简称集成运放）的基本运算功能及正确使用方法。

（2）掌握集成运算放大器常用单元电路的设计和调试方法。

（3）进一步熟悉示波器、低频信号发生器、毫伏表的使用方法。

3.8.2　预习要点

（1）复习集成运算放大器的基本理论知识，观看实验仪器的使用视频及示例接线的实验视频。

（2）预习实验注意事项，完成所有值的计算，填写在实验指导书相应的栏目及表格中。

（3）掌握 ± 12 V 电源的连接方法。

3.8.3　实验设备与元器件

实验所需要的设备与元器件列表见表 3.29。

表3.29　实验设备与元器件列表

名称	型号	数量
直流稳压电源	DP832A	1 台
信号发生器	DG4062	1 台
示波器	TEK MSO 2012B	1 台
手持万用表	Fluke 287C	1 台
交流毫伏表	SM2030A	1 台
集成运算放大器	μA741	1 块
直流信号模块	ST2016 − 5 V ~ + 5 V	1 块
电阻器	20 kΩ、25 kΩ、10 kΩ、47 kΩ、100 kΩ	若干
电容器	0.1 μF、0.01 μF	2 只
短接桥和连接导线	P8 − 1 和 50148	若干
实验用九孔插件方板	300 mm × 298 mm	1 块

3.8.4　集成运算放大器基本原理

集成运算放大器是最重要的模拟集成电路之一。它具有体积小、功耗低、可靠性高等优点,种类繁多,应用广泛。从工作原理上,集成运算放大器可分为线性应用和非线性应用两方面。在线性工作区内,其输出电压 u_o 与输入电压 u_i 的线性放大关系为

$$u_o = A_{uo}(u_+ - u_-) = A_{uo}u_i \tag{3.15}$$

在工程应用情况下,将集成运放视为理想运放,就是将集成运放的各项技术指标理想化。满足下列条件的运算放大器称为理想运放。

（1）开环电压放大倍数 $A_{uo} = \infty$。

（2）输入阻抗 $r_i = \infty$。

（3）输出阻抗 $r_o = 0$。

（4）带宽 $f_{BW} = \infty$。

（5）失调与漂移均为零。

理想运放工作在线性区的分析依据是,输入端的虚短$(u_+ - u_-)$,输入端的虚断$(i_+ = i_- = 0)$和输入端的虚地(同相端接地时,$u_- = 0$)。

理想运放工作在非线性区的分析依据是,$u_+ > u_-$,$u_o = + U_{OM}$,$u_- > u_+$,$u_o = - U_{OM}$。

本实验中使用的集成运算放大器为通用集成运放 LM741 或 μA741,其管脚排列图如图

3.36 所示。2 脚为集成运放的反相输入端,3 脚为集成运放的同相输入端,6 脚为集成运放的输出端,7 脚为正电源管脚,4 脚为负电源管脚,1 脚和 5 脚为输出调零端,8 脚为空脚。

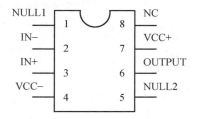

图 3.36　μA741 的管脚排列图

3.8.5　实验内容与步骤

本节所有电路都要使用直流稳压电源的两路电压,向集成运放提供 ± 12 V 的工作电压。直流信号模块的原理是一个四路分压器,可提供四路 − 5 V ~ + 5 V 的直流电压信号。做实验前,请认真阅读注意事项。

1.电压跟随器

电压跟随器的实验电路如图 3.37 所示。测试电压跟随器的输出电压可以检查集成运放的好坏。

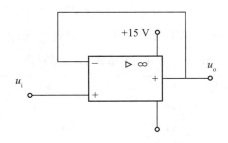

图 3.37　电压跟随器的实验电路

按图 3.37 接线,接通 ± 12 V 直流工作电源。输入信号 u_i 是直流,有效值 $U_i = 1$ V。使用万用表测量输入电压、输出电压的有效值,填入表 3.30 中,根据测量结果判定集成运放的好坏。

表3.30　电压跟随器数据

输入电压 U_i/V	1
输出电压 U_o/V	

2.反相比例运算电路

反相比例运算电路如图 3.38 所示,$R_1 = 20$ kΩ,$R_F = 100$ kΩ,$R_2 = R_1 // R_F$。实验步骤

如下。

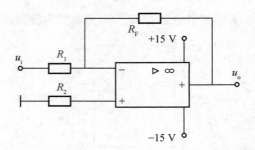

图 3.38　反相比例运算电路

（1）按图 3.38 接线，接通直流工作电源 ±12 V。

（2）输入信号是直流，使用万用表测量输出电压有效值 U_o，填入表 3.31 中，输入信号取值见表 3.31。

表3.31　反相比例运算电路直流数据

输入电压 U_i/V	0.5	1	1.5	2.0	2.5
理论数据 $U_{o理论}$/V					
实际测量 $U_{o测量}$/V					
误差 /V					

（3）接通信号发生器，输入信号是正弦波，其频率为 1 kHz，当输入电压的有效值分别是 1 V、2 V 和 3 V 时，使用交流毫伏表测量输出电压的有效值，填入表 3.32 中。

表3.32　反相比例运算电路交流数据

输入电压 U_i/V	1	2	3
理论数据 $U_{o理论}$/V			
实际测量 $U_{o测量}$/V			
误差 /V			

（4）用示波器观察输入电压和输出电压的波形，并记录 u_i 和 u_o 波形于图 3.39 中，要求体现相位关系，并标出各自峰峰值。

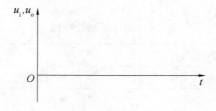

图 3.39　反相比例输入输出电压波形记录

（5）思考，将直流信号模块和信号发生器的输入电压叠加后，反相比例运算电路输出电压是怎样的,请使用示波器观察分析。

3.同相比例运算电路

同相比例运算电路如图 3.40 所示,$R_1 = 20$ kΩ,$R_F = 100$ kΩ,$R_2 = R_1 / / R_F$。实验步骤如下。

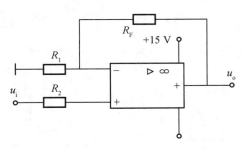

图 3.40　同相比例运算电路

(1) 按图 3.40 接线,接通直流工作电源 ± 12 V。

(2) 接通信号发生器,输入信号是正弦波,其频率为 1 kHz。用交流毫伏表测量,当输入电压的有效值分别是 0.5 V、1 V、2 V 和 3 V 时输出电压的有效值,填入表 3.33 中。

表3.33　同相比例运算电路数据

输入电压 U_i/V	0.5	1	2	3
理论数据 $U_{o理论}$/V				
实际测量 $U_{o测量}$/V				
误差 /V				

(3) 用示波器观察输入电压和输出电压的波形,并记录 u_i 和 u_o 波形于图 3.41 中,要求体现相位关系,并标出各自峰峰值。

图 3.41　同相比例输入输出电压波形记录

4.加法器设计

加法器有同相加法器和反相加法器两种,典型加法电路原理图如图 3.42 所示。根据电

路分析,同相加法运算电路调节不便。反相加法运算电路的输出电压为

$$u_{\text{o}} = -R_{\text{F}}\left(\frac{u_{\text{i1}}}{R_1} + \frac{u_{\text{i2}}}{R_2}\right) \tag{3.16}$$

运算中,调节某一路信号的输入电阻时,不会影响其他输入电压与输出电压的比例关系,因而调节方便。当 $R_1 = R_2 = R$ 时,有 $u_{\text{o}} = -\dfrac{R_{\text{F}}}{R}(u_{\text{i1}} + u_{\text{i2}})$,结合实验室现有器件,按照以下关系式设计一个反相加法运算电路,即 $u_{\text{o}} = -10(u_{\text{i1}} + u_{\text{i2}})$。

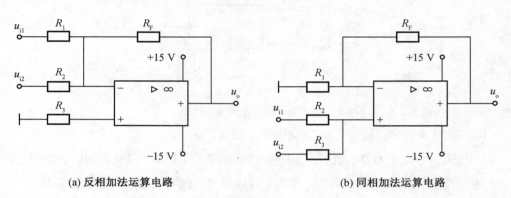

(a) 反相加法运算电路　　　　　　　　(b) 同相加法运算电路

图 3.42　典型加法电路原理图

加法器设计实验步骤如下。

(1)画出实验电路图。建议采用 10 kΩ 以上的电阻,请思考原因。

(2)实验电路经教师检查通过后才能接线,接通 ± 12 V 直流电源。

(3)接通直流信号模块,设置输入信号的幅值,建议电压范围在 0 ~ 4 V 以内,用万用表直流电压挡测量输出电压,填入表 3.34 中。

表3.34　反相加法运算电路数据

测量值 U_{i1}/V					
测量值 U_{i2}/V					
理论数据 $U_{\text{o理论}}$/V					
实际测量 $U_{\text{o测量}}$/V					
误差 /V					

5.减法器设计

减法运算电路可运用反相比例运算电路和同相比例运算电路结合搭建,请按照关系式 $u_{\text{o}} = -2(u_{\text{i1}} - u_{\text{i2}})$ 设计一个减法器。

减法器设计实验步骤如下。

(1)画出实验电路图。建议采用 10 kΩ 以上的电阻,请思考原因。

（2）实验电路经教师检查通过后才能接线，接通 ±12 V 直流电源。

（3）输入信号是正弦波，其频率为 1 kHz，有效值为 $U_{i1} = 1$ V、$U_{i2} = 2$ V，请保证两个输入信号同相位。

（4）接通信号发生器，用交流毫伏表测量输出电压的有效值，填入表 3.35 中。

表3.35　减法运算电路数据

有效值 U_{i1}/V	0.5	0.5	0.5	0.5
有效值 U_{i2}/V	1.0	1.5	2.0	2.5
理论数据 $U_{o理论}$/V				
实际测量 $U_{o测量}$/V				
误差 /V				

6.微积分运算电路

微积分运算电路是同相输入和反相输入运算电路的线性运算，因此也是集成运放的线性应用，微分运算是积分运算的逆运算。典型微积分电路如图 3.43 所示，积分电路为降低电路的低频电压增益，消除积分电路的饱和现象，可在积分电容上并联一个电阻。微分电路为限制电路的高频增益，可在输入端与电容 C 之间加入一个小电阻。积分电路元件参数可选 $R_1 = R_2 = 10$ kΩ，$R_F = 100$ kΩ，$C = 0.01$ μF；微分电路元件参数可选 $R_1 = 100$ Ω，$R_2 = R_F = 1$ kΩ，$C = 0.1$ μF。

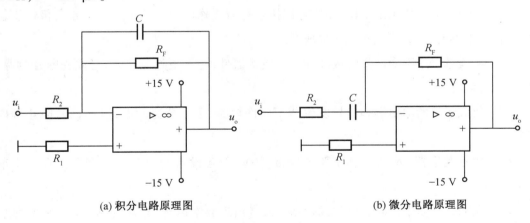

(a) 积分电路原理图　　　　　　　　　(b) 微分电路原理图

图 3.43　典型微积分电路

微积分运算电路实验步骤如下。

（1）按电路图要求选择电路元件，接好电路。

（2）信号发生器提供输入方波电压 u_i，频率为 1 kHz，峰峰值为 2 V（幅值为 1 V）。

（3）电路检查无误后，接通 ±12 V 电源。

（4）画出积分电路和微分电路的输入电压和输出电压波形。

7.过零电压比较器

过零电压比较器是对电压幅值进行比较的电路,是集成运放的典型非线性应用,其接线图如图 3.44(a) 所示,$R_1 = R_2 = 10 \text{ k}\Omega$,实验步骤如下。

（1）按图 3.44(a) 接线,输入电压 u_i 为正弦波信号,其有效值为 1 V,频率为 1 kHz。

（2）接通直流电源 ±12 V,用示波器观察输入、输出电压波形,并将输入、输出波形画在图 3.44(b) 中。

（3）使用示波器的 X、Y 显示功能,查看李萨如图形,在图 3.44(c) 中画出电压传输特性。

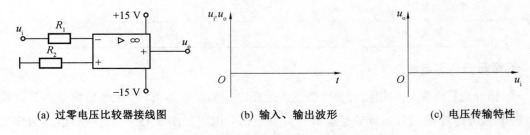

（a）过零电压比较器接线图　　　　（b）输入、输出波形　　　　（c）电压传输特性

图 3.44　过零电压比较器实验线路与测量结果

3.8.6　注意事项

（1）遵守实验室的各项规章制度。

（2）为使集成运放正常工作,不要忘记接入直流工作电源。切记电源的正负极性不能接反,输出端不能短路,否则将损坏集成芯片。

（3）实验过程中不允许带电接线、换线、换元器件,每次更换电路时,必须先断开电源,严禁带电操作。

（4）集成运放的输出端和信号发生器不允许短路,手不要碰到芯片的管脚,防止静电损伤。

（5）信号发生器、示波器和实验电路要共地,即各设备的黑色接线端要接在一个节点上。

（6）在电路工作中,如果发现波形不对,或者出现异常声音、异常发热,需要马上断电,检查电路。

（7）全部实验做完后,关掉电源,拆线,整理实验台,物归原处,方可离开实验室。

3.8.7　思考与分析

（1）集成运放电路的输入信号能否无限制地增大？为什么？

（2）为了防止集成运放的正、负电源的极性接反而损坏集成运放,应在集成运放的电源端加什么保护电路？请画出保护电路图。

3.9　基本逻辑门电路的逻辑功能测试

3.9.1　实验目的

（1）掌握数字技术基础实验通用器材使用方法。

（2）掌握常用晶体管（TTL）逻辑芯片与互补金属氧化物半导体（CMOS）逻辑芯片的逻辑功能。

（3）掌握 TTL 与 CMOS 常用逻辑芯片的功能测试方法。

（4）理解 TTL 与 CMOS 逻辑芯片的使用差异及适用场合。

3.9.2　实验预习要求

（1）熟悉 TTL 二输入与非门芯片 74LS00 和 CMOS 三输入与非门芯片 CD4023 的逻辑功能及其使用方法。

（2）实验之前必须明确本次实验的目的、意义、原理及实验电路图。

3.9.3　实验设备与元器件

实验所需要的设备与元器件列表见表 3.36。

表3.36　实验设备与元器件列表

名称	型号	数量
直流电源及适配器	5 V，SD128B	1 块
14 芯 IC（集成电路）插座	SD143	若干
16 芯 IC（集成电路）插座	30121058	若干
四位输入器	SD101	若干
四位输出器	SD102B	若干
四位数码显示器	30121098	若干
逻辑门集成芯片	74LS00、CD4023	若干
数电连接导线	P2	若干
实验用六孔插件方板	300 mm × 298 mm	1 块

3.9.4　实验原理

1.与非门的逻辑功能

与非门是常用的逻辑门之一,其逻辑功能是,当输入端有一个或一个以上是低电平时,输出端为高电平;只有当输入端全部为高电平时,输出端才是低电平(即有"0"出"1",全"1"出"0");对二输入和三输入与非门而言,其逻辑表达式为 $Y = \overline{A \cdot B}$ 及 $Y = \overline{A \cdot B \cdot C}$。74系列双列直插式芯片 74LS00 为 TTL 四组二输入与非门,CD4023 为 CMOS 三组三输入与非门,其管脚排列如图 3.45 所示。

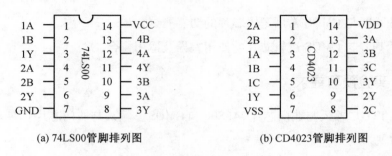

(a) 74LS00管脚排列图　　　　　(b) CD4023管脚排列图

图 3.45　与非门芯片管脚排列图

2.平均传输延迟时间 t_{pd}

t_{pd} 是衡量门电路开关速度的参数,它是指输出波形对应边沿的 $0.5U_m$ 至输入波形对应边沿 $0.5U_m$ 点的时间间隔,传输延迟特性如图3.46所示。图中的 t_{pdL} 为导通延迟时间,t_{pdH} 为截止延迟时间,平均传输延迟时间为 $t_{pd} = (t_{pdL} + t_{pdH})/2$。

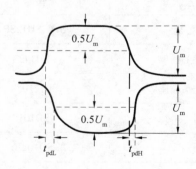

图 3.46　传输延迟特性

由于门电路的延迟时间较小,直接测量时对信号发生器和示波器的性能要求较高,误差较大,因此实验采用由两级串联的与非门电路测量来求得。考虑到与非门输入与输出的逻辑关系,两级串联的与非门电路的逻辑关系等同于与门。因此单个与非电路的平均传输延迟时间为 $t_{pd} = (t_{pdL} + t_{pdH})/4$。

3.9.5　实验内容和步骤

1.与非门逻辑功能的测试

74LS00 二输入与非门和 CD4023 三输入与非门逻辑功能的测试电路如图 3.47 所示。其中,与非门的输入端接电平转换开关,与非门的输出端接逻辑指示灯。与非门接通电源后,改变输入端的逻辑状态,观察指示灯的亮暗,用万用表测量与非门的输出电压。按表 3.37 和表 3.38 逐项测量并验证其逻辑功能,测量结果填入表中。

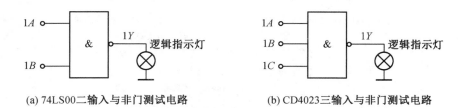

(a) 74LS00二输入与非门测试电路　　　　　(b) CD4023三输入与非门测试电路

图 3.47　与非门逻辑功能测试电路

表3.37　74LS00 测试结果

输入端		输出端	
A	B	LED 指示灯(0 或 1)	电压表测量 /V
0	0		
0	1		
1	0		
1	1		

表3.38　CD4023 测试结果

输入端			输出端	
A	B	C	LED 指示灯(0 或 1)	电压表测量 /V
0	0	0		
0	0	1		
0	1	0		
0	1	1		
1	0	0		
1	0	1		
1	1	0		
1	1	1		

2.门电路输入输出信号的测量

使用 74LS00 和 CD4023 芯片测试与非门电路的输入输出信号。按照图 3.48(a)、图

3.48(b) 的接线方式,使用信号发生器生成 1 kHz 方波脉冲信号,其高电平为 + 5 V,低电平为 0 V,作为与非门的输入信号 U_i,与非门输出信号为 U_o。使用示波器的光标功能 "CURSOR" 分别测量 U_i 和 U_o 的6个主要参数,记入表3.39和表3.40中。数字信号波形主要参数的意义如图3.48(c) 所示。

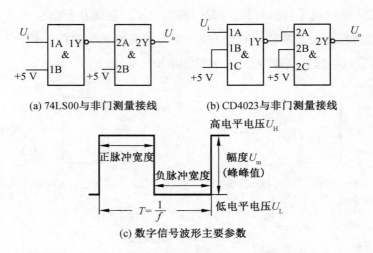

(a) 74LS00与非门测量接线　　　　　(b) CD4023与非门测量接线

(c) 数字信号波形主要参数

图 3.48　门电路输入输出信号的测量电路及波形参数意义

表3.39　TTL 门电路 74LS00 的主要输入输出信号波形参数

电压	频率 f	周期 T	正脉冲宽度 t_{p1}	幅度 U_m	高电平电压 U_H	低电平电压 U_L
U_i						
U_o						

表3.40　CMOS 门电路 CD4023 的主要输入输出信号波形参数

电压	频率 f	周期 T	正脉冲宽度 t_{p1}	幅度 U_m	高电平电压 U_H	低电平电压 U_L
U_i						
U_o						

3.门电路平均传输延迟时间 t_{pd} 的测试

使用 74LS00 和 CD4023 芯片组成两组串联与非门电路,测试计算 TTL 与 CMOS 门电路平均传输延迟时间 t_{pd},测试电路如图3.49 所示。

按图 3.49 接线,接通与非门的 + 5 V 工作电源。U_i 接 1 kHz 方波脉冲信号,其高电平为 + 5 V,低电平为 0 V。用示波器观察 U_i 和 U_o 的波形,测量其传输延时时间 t_{pdL} 和 t_{pdH},记录于表 3.41 中。

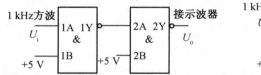
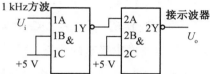

(a) 74LS00平均传输延迟时间t_{pd}测试电路　　(b) CD4023平均传输延迟时间t_{pd}测试电路

图 3.49　门电路平均传输延迟时间 t_{pd} 的测试电路

表3.41　TTL 与 CMOS 门电路传输延迟时间测试结果

芯片	t_{pdL}	t_{pdH}	总延迟时间	t_{pd}
74LS00				
CD4023				

4.门电路扇出系数的测试

（1）TTL 门电路低电平输入电流（拉电流）I_{IL} 的测量。

在芯片 74LS00 中选择一个门,其中一个输入端与地之间接入毫安表,量程选 mA/uA 挡,门的其余输入端悬空,74LS00 门电路拉电流测试电路如图 3.50 所示,观察并记录 I_{iL} 的值。

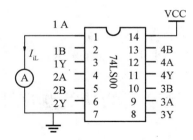

图 3.50　74LS00 门电路拉电流测试电路

（2）TTL 门电路低电平输出电流（灌电流）I_{oL} 的测量。

74LS00 门电路灌电流测试电路如图 3.51 所示,按图接线,将两个输入端悬空,选取 $R =$

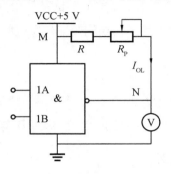

图 3.51　74LS00 门电路灌电流测试电路

$100\ \Omega, R_P = 1\ k\Omega$, 调节电位器的触头, 使电压表的读数为 0.4 V, 然后关掉电源, 断开 M、N, 测量 R 与 R_P 的电阻值 R_1, 填入表 3.42 中。按 $I_{oL} = 4.6\ V/R_1$ 计算出 I_{oL} 的值。

（3）TTL 门电路扇出系数的计算。

根据前面得到的 TTL 门电路拉电流和灌电流实验结果, 再根据门的扇出系数计算公式 $N = I_{oL}/I_{iL}$ 即可得到 74LS00 门电路的扇出系数。将实验结果填入表 3.42 中。

表3.42　74LS00 门电路扇出系数测试结果

芯片	I_{iL}	R_1	I_{oL}	$N = I_{oL}/I_{iL}$
74LS00				

3.9.6　注意事项

（1）信号发生器、直流电源和示波器要共地。

（2）集成芯片工作电源为 + 5 V, 极性不能接反。

（3）集成芯片输出端不允许短路。

（4）全部实验做完后, 关掉电源, 拆线, 整理实验台, 物归原处, 方可离开实验室。

3.9.7　思考与分析

（1）如何使用与非门芯片组成或门、异或门?

（2）与非门是否可以当作非门来用? 多余的输入端应如何处理?

3.10　触发器的功能测试及应用

3.10.1　实验目的

（1）熟悉常用 TTL 与 CMOS 触发器的逻辑功能。

（2）掌握 TTL 与 CMOS 触发器逻辑功能的测试及使用方法。

（3）应用集成计数器 74LS161 的逻辑功能验证计数电路。

3.10.2　预习要点

（1）熟悉基本 RS 触发器、D 触发器和 J – K 触发器的逻辑功能及使用方法。

（2）实验之前必须明确本次实验的目的、意义、原理及实验电路图。

3.10.3　实验设备与元器件

实验中使用的设备与元器件列表见表 3.43。

表3.43　实验中使用的设备与元器件列表

名称	型号	数量
直流电源及适配器	5 V,SD128B	1 块
14 芯 IC 插座	SD143	若干
16 芯 IC 插座	30121058	若干
四位输入器	SD101	若干
四位输出器	SD102B	若干
四位数码显示器	30121098	若干
数电芯片	74LS00、74LS74、74LS112、74LS161	若干
数电连接导线	P2	若干
实验用六孔插件方板	300 mm × 298 mm	1 块

3.10.4　实验原理

1.基本 RS 触发器的逻辑功能

由与非门组成的基本 RS 触发器如图 3.52 所示。74LS00 芯片的逻辑关系为 $Y = \overline{A \cdot B}$，其管脚排列图如图 3.53 所示。基本 RS 触发器有两个输入端，其中 R_D 为复位端，S_D 为置位端。当 R_D 为低电平时，输出端 $Q = 0$；当 S_D 端为低电平时，输出端 $Q = 1$。基本 RS 触发器真值表见表 3.44。

在使用基本 RS 触发器时要注意，R_D、S_D 端不允许同时加低电平。基本 RS 触发器主要用来组成其他触发器，预置其他触发器的初始工作状态。

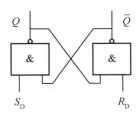

图 3.52　基本 RS 触发器

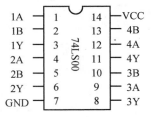

图 3.53　74LS00 管脚排列图

表3.44　基本 RS 触发器真值表

S_D	R_D	Q
0	0	不定
0	1	1
1	0	0
1	1	Q

2. D 触发器的逻辑功能

D 触发器的逻辑符号如图 3.54 所示。74LS74 D 触发器的管脚排列图如图 3.55 所示。D 触发器只有一个输入端 D,一个时钟脉冲端 CLK,直接置位端 S_D 和直接复位端 R_D。当时钟脉冲的上升沿到来时,$D=1,Q=1;D=0,Q=0$。D 触发器真值表见表 3.45。

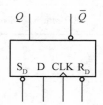

图 3.54　D 触发器的逻辑符号

$\overline{1R_D}$	1		14	VCC
1D	2		13	$\overline{2R_D}$
1CLK	3	74LS74	12	2D
$\overline{1S_D}$	4		11	2CLK
1Q	5		10	$\overline{2S_D}$
$\overline{1Q}$	6		9	2Q
GND	7		8	$\overline{2Q}$

图 3.55　74LS74 D 触发器的管脚排列图

表3.45　D 触发器真值表

CLK	D	Q
↑	0	0
↑	1	1

3. J – K 触发器的逻辑功能

J – K 触发器的逻辑符号如图 3.56 所示。74LS112 J – K 触发器的管脚排列图如图 3.57 所示。J – K 触发器有两个输入端 J 和 K,一个时钟脉冲端 CLK,直接置位端 S_D 和直接复位端 R_D。当时钟脉冲的下降沿到来时,若 $J=0$、$K=0$,输出端 Q 保持为原来的状态不变;若 $J=$

0、$K = 1$,输出端 $Q = 0$;若 $J = 1$、$K = 0$,输出端 $Q = 1$;若 $J = 1$、$K = 1$,输出端 Q 状态翻转。J – K 触发器真值表见表 3.46。

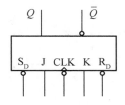

图 3.56　J – K 触发器的逻辑符号

$$
\begin{array}{c}
\text{1CLK} \quad 1 \quad | \quad 16 \quad \text{VCC} \\
\text{1K} \quad 2 \quad | \quad 15 \quad \overline{\text{1R}}_\text{D}
\end{array}
$$

图 3.57　74LS112 J – K 触发器的管脚排列图

表3.46　J – K 触发器真值表

CLK	J	K	Q
↓	0	0	Q
↓	0	1	0
↓	1	0	1
↓	1	1	翻转

4.触发器逻辑功能的转换

（1）触发器的特性方程。

J – K 触发器特性方程为

$$Q^* = J\overline{Q} + \overline{K}Q$$

D 触发器特性方程为

$$Q^* = D = D(Q + \overline{Q}) = D\overline{Q} + DQ$$

T 触发器特性方程为

$$Q^* = T\overline{Q} + \overline{T}Q$$

（2）将 J – K 触发器转换为 D 触发器。

根据 J – K 触发器的特性方程,将 D 触发器的特性方程转换为 J – K 触发器特性方程模式,由此模式画出的逻辑电路如图 3.58 所示。

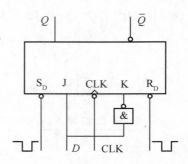

图 3.58　J－K 触发器转换为 D 触发器的逻辑电路

（3）将 J－K 触发器转换为 T 触发器。

根据 J－K 触发器的特性方程,将 J－K 触发器的特性方程转换为 T 触发器特性方程模式,由此模式画出的逻辑电路如图 3.59 所示。

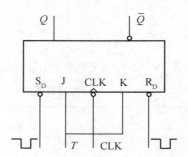

图 3.59　J－K 触发器转换为 T 触发器的逻辑电路

3.10.5　实验内容及步骤

1.基本 RS 触发器的逻辑功能测试

用两个与非门按图 3.60 所示接法接成基本 RS 触发器。其中 R_D、S_D 端分别接电平转换开关,Q 和 $\bar{Q}$ 端分别接指示灯。按表 3.47 中 R_D、S_D 的电平值,拨动电平转换开关,观察并记录 Q 和 $\bar{Q}$ 的状态。

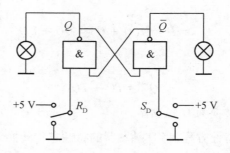

图 3.60　基本 RS 触发器接法

表3.47　基本 RS 触发器真值表

R_D	S_D	Q	$\overline{Q}$
0	0		
0	1		
1	0		
1	1		

2. D 触发器的逻辑功能测试

（1）逻辑功能测试。

D 触发器测试电路如图 3.61 所示,按图接线,其中 D 端接电平开关,置 1 端 S_D 和置 0 端 R_D 接拨动电平开关,触发输入端 CLK 接手动脉冲源,输出端 Q 接指示灯。拨动电平开关,使 D 分别为逻辑 0 或逻辑 1 状态,观察 CLK 在手动脉冲作用前后输出端的 Q 和 Q^* 与 D 端的关系,同时注意触发器是 CLK 的上升沿还是下降沿触发,把结果填入表 3.48 中。

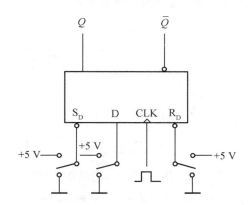

图 3.61　D 触发器测试电路

表3.48　D 触发器真值表

S_D	R_D	CLK	D	Q	Q^*
1	0	×	×	×	
1	1	0	0	0	
1	1	0	0	1	
1	1	↑	1	0	
1	1	↑	1	1	
1	1	↓	1	0	
1	1	↓	1	1	
1	1	↑	0	0	

续表3.48

S_D	R_D	CLK	D	Q	Q^*
1	1	↑	0	1	
1	1	↓	0	0	
1	1	↓	0	1	

（2）二分频电路测试。

D 触发器构成的二分频电路如图 3.62 所示，按图接线，将 D 触发器的输入端 D 与 Q 转换为 T 触发器。此时如果 CLK 端作为输入端，Q 端作为输出端，那么 Q 端信号的频率就等于 CLK 端频率的一半，实现了二分频器的功能。在 CLK 端输入 1 Hz 方波信号，用指示灯观察 CLK 和 Q 的状态，是否在 2 s 内 CLK 闪两下，Q 闪 1 下。接着把 CLK 改接信号发生器，信号发生器输出 1 kHz、5 V 方波信号，用示波器观察 CLK 和 Q 的波形，并描绘 CLK 和 Q 的波形。分析波形是否为二分频电路的工作波形，并画出波形于表 3.49 中。

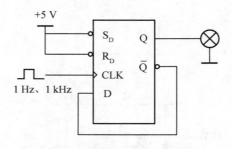

图 3.62　D 触发器构成的二分频电路

表3.49　D 触发器二分频电路波形

CLK	
Q	

3. J－K 触发器的逻辑功能测试

（1）逻辑功能测试。

J－K 触发器构成的二分频电路如图 3.63 所示，按图接线，使用 74LS112 芯片测试 J－K 触发器功能。其中清零端 R_D 端和 J、K 端分别接电平开关，CLK 端接手动脉冲源。Q 端接指示灯。按表 3.42 预置 J、K 和 Q 的状态。观察每次按动手动脉冲源时，Q 的状态变化，并注意是上升沿触发还是下降沿触发，把结果填入表 3.50 中。

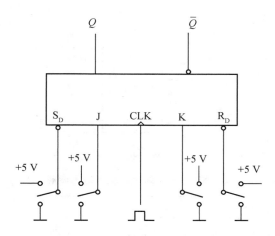

图 3.63　J－K 触发器构成的二分频电路

表3.50　J－K 触发器真值表

S_D	R_D	CLK	J	K	Q	Q^*
0	1	×	×	×	×	
1	0	×	×	×	×	
1	1	↑	0	0	0	
1	1	↓	0	0	0	
1	1	↑	0	0	1	
1	1	↓	0	0	1	
1	1	↑	0	1	0	
1	1	↓	0	1	0	
1	1	↑	0	1	1	
1	1	↓	0	1	1	
1	1	↑	1	0	0	
1	1	↓	1	0	0	
1	1	↑	1	0	1	
1	1	↓	1	0	1	
1	1	↑	1	1	0	
1	1	↓	1	1	0	
1	1	↑	1	1	1	
1	1	↓	1	1	1	

（2）T′ 触发器功能测试。

J－K 触发器构成的 T′ 触发器如图 3.64 所示,在图中,把 J、K 端一起接到 + 5 V 电源上, CLK 端接信号发生器。信号发生器输出 1 kHz、5 V 的方波信号,用示波器观察并描绘 CLK 和 Q 的波形。分析此电路是否为二分频电路,并画出波形于表 3.51 中。

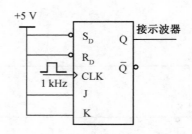

图 3.64　J－K 触发器构成的 T′ 触发器

表3.51　J－K 触发器输入输出波形

CLK	
Q	

4.触发器逻辑功能的转换

（1）J－K 触发器转换为 D 触发器。

使用集成 J－K 触发器和 74LS00 与非门构建 D 触发器。按图3.65所示 J－K 触发器转换 D 触发器电路搭建相应电路,输入端 D 接电平开关,CLK 端接手动脉冲源。将输入端 D 接不同电平,观察输出电平并填入表 3.52 中。

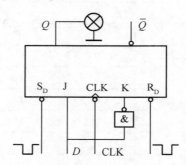

图 3.65　J－K 触发器转换 D 触发器电路

表3.52　集成 J－K 触发器真值表

S_D	R_D	CLK	J	K	D	Q	Q^*
1	0	×	×	×	×	×	
1	1				0	0	
1	1				0	1	
1	1				1	0	
1	1				1	1	

（2）J－K 触发器转换为 T 触发器。

使用 J－K 触发器搭建 T 触发器。按照图3.66所示 J－K 触发器转换 T 触发器电路搭建

相应电路,输入端 T 接电平开关,CLK 端接手动脉冲源。将输入端 T 接不同电平,观察输出
电平并填入表 3.53 中。

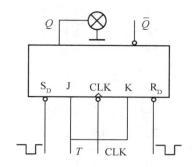

图 3.66　J－K 触发器转换 T 触发器电路

表3.53　J－K 触发器转换 T 触发器真值表

CLK	T	Q	Q^*
	0	0	
	0	1	
	1	0	
	1	1	

5.验证计数器功能

使用 74LS112N 芯片组成的四进制计数器电路图如图 3.67 所示。要求:逻辑开关接手
动计数脉冲,列出状态表,记录 LED 显示器的输出状态。

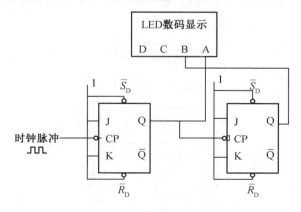

图 3.67　四进制计数器电路图

74LS161 是四位二进制可预置的同步加法计数器,图 3.68 所示为其管脚排列图,表 3.54
为其功能表。

$$
\begin{array}{c}
\overline{R}_D \\ CP \\ D_0 \\ D_1 \\ D_2 \\ D_3 \\ EP \\ GND
\end{array}
\begin{array}{|c|}
1 \\ 2 \\ 3 \\ 4 \\ 5 \\ 6 \\ 7 \\ 8
\end{array}
\text{74LS161}
\begin{array}{|c|}
16 \\ 15 \\ 14 \\ 13 \\ 12 \\ 11 \\ 10 \\ 9
\end{array}
\begin{array}{c}
VCC \\ C \\ Q_0 \\ Q_1 \\ Q_2 \\ Q_3 \\ \overline{ET} \\ \overline{LD}
\end{array}
$$

图 3.68   74LS161 管脚排列图

表3.54   74LS161 功能表

CP	$\overline{R}_D$	$\overline{LD}$	EP	ET	工作状态 $Q_3\ \ Q_2\ \ Q_1\ \ Q_0$
×	0	×	×	×	异步清零
↑	1	0	×	×	同步预置数
↑	1	1	0	1	保持（包括 C 的状态）
↑	1	1	×	0	保持（但 $C = 0$）
↑	1	1	1	1	计数

从功能表中可知，当清零端 $\overline{R}_D = 0$ 时，计数器输出 Q_3、Q_2、Q_1、Q_0 立即为全 0，为异步清零。当 $\overline{R}_D = 1$ 且 $\overline{LD} = 0$ 时，在 CP 脉冲上升沿作用后，触发器置数，Q_3、Q_2、Q_1、Q_0 的状态与 D_3、D_2、D_1、D_0 的状态相同。而当 $\overline{R}_D = \overline{LD} = 1$、EP、ET 中有一个为 0 时，输出端状态保持不变。只有当 $\overline{R}_D = \overline{LD} = EP = ET = 1$ 时，CP 脉冲上升沿作用后，计数器计数。此外，74LS161 还有一个进位输出端 C，其逻辑关系是 $C = Q_3Q_2Q_1Q_0ET$。

使用 74LS161 芯片组成的十进制计数器电路如图 3.69 所示。逻辑开关接自动计数脉冲，观察并记录 LED 数码显示管的输出。

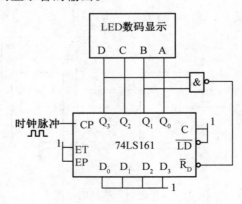

图 3.69   十进制计数器电路图

3.10.6   注意事项

（1）信号发生器、直流电源和示波器要共地。

（2）集成芯片工作电源为 + 5 V，极性不能接反。

（3）集成芯片输出端不允许短路。

（4）全部实验做完后，关掉电源，拆线，整理实验台，物归原处，方可离开实验室。

3.10.7   思考与分析

（1）请描述 RS 触发器、D 触发器和 J – K 触发器逻辑功能的异同。

（2）各类触发器中 R_D 端和 S_D 端的作用是什么？

（3）实验中使用的 74LS74 和 74LS112 是什么触发方式的触发器？

第 4 章　　电工与电子技术综合设计实验

4.1　有源滤波电路的设计与研究

4.1.1　实验目的

（1）掌握有源滤波器的组成原理及滤波特性。

（2）学会调节滤波器截止频率，了解等效 Q 值对滤波器幅频特性的影响。

4.1.2　预习要点

（1）复习有源滤波器的基本理论知识。

（2）理解实验原理，了解实验步骤、注意事项，提前准备实验电路设计。

4.1.3　实验设备与元器件

实验所需要的设备与元器件列表见表 4.1。

表4.1　实验设备与元器件列表

名称	型号	数量
多功能交直流电源	30221095	1 台
信号发生器	DG4062	1 台
示波器	TEK MSO 2012B	1 台
电阻器	20 kΩ	2 只
电容器	4 700 pF、0.022 μF、0.047 μF、0.22 μF	5 只
开关	单刀双投	2 只
集成运算放大器	μA741	1 块
短接桥和连接导线	P8 – 1 和 50148	若干
实验用六孔插件方板	300 mm × 298 mm	1 块

4.1.4　实验电路原理分析

有源滤波电路由集成运放和 RC 电路构成，根据连接形式，储能元件的数量不同可构成不同的有源滤波器。就信号频率而言,滤波器有低通、高通、带通、带阻之分,就滤波器传递函数零极点数而言,又有低阶和高阶之分。

1.有源低通滤波器

低通滤波器是一种用来传输低频段信号,抑制高频段信号的电路。一阶有源低通滤波器,如图 4.1 所示,其频率特性为

$$H(j\omega) = \frac{A_0}{1 + j\dfrac{\omega}{\omega_H}} \tag{4.1}$$

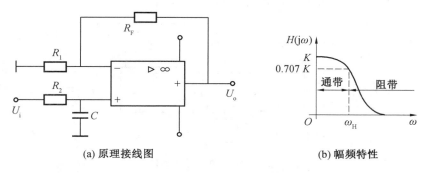

(a) 原理接线图　　　　　　　(b) 幅频特性

图 4.1　一阶有源低通滤波器

式中,A_0 为通带内放大倍数,$A_0 = 1 + \dfrac{R_F}{R_1}$;$\omega_H$ 为上限截止角频率,$\omega_H = \dfrac{1}{R_2 C}$。

二阶有源低通滤波器有多种电路连接形式,如图 4.2 和图 4.3 所示有源滤波器都是二阶有源低通滤波器,但滤波器特征参数略有不同。图 4.2 所示二阶压控电压源有源低通滤波器的频率特性为

$$H(j\omega) = \frac{A_0}{1 - \left(\dfrac{\omega}{\omega_0}\right)^2 + j\dfrac{\omega}{Q_{品}\omega_0}} \tag{4.2}$$

式中,$A_0 = 1 + \dfrac{R_F}{R_1}$,$\omega_0 = \dfrac{1}{RC}$,$Q_{品} = \dfrac{1}{3 - A_0}$。$Q_{品}$ 为等效品质因素,与 A_0 有关。若 $A_0 > 3$,滤波器将会产生自激振荡。图 4.3 所示二阶有源低通滤波器的频率特性与二阶压控电压源有源低通滤波器的频率特性相似,即

$$H(j\omega) = \frac{1}{1 - \left(\dfrac{\omega}{\omega_0}\right)^2 + j\dfrac{\omega}{Q_{品}\omega_0}} \tag{4.3}$$

式中,$\omega_0 = \dfrac{1}{R\sqrt{C_1 C_2}}$,$Q_{品} = \dfrac{1}{2}\sqrt{\dfrac{C_1}{C_2}}$。

两有源低通滤波器频率特性的表达式相同,所以它们有相似的频率特性。两有源低通

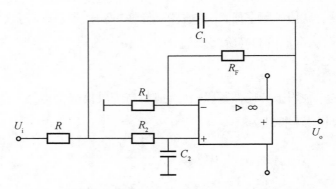

图 4.2　二阶压控电压源有源低通滤波器

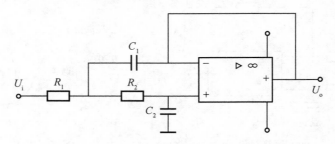

图 4.3　二阶有源低通滤波器

滤波器的差异是,① 通带内放大倍数分别是 A_0 和 1;② 两有源低通滤波器的等效品质因数 $Q_品$ 的表达式不一样,一个取决于 A_0,另一个取决于电容比值。

　　二阶有源低通滤波器幅频特性曲线和一阶有源低通滤波器不同。在 $Q_品 = 0.707$ 时,二者幅频特性曲线相似,但二阶有源低通滤波器是按 40 dB/10 倍频的速率衰减,一阶有源低通滤波器是按 20 dB/10 倍频的速率衰减,即二阶滤波器有较好的衰减特性;在 $Q_品 > 0.707$ 时二阶有源低通滤波器在 ω_0 处出现峰值。

2.有源高通滤波器

　　高通滤波器是用来传输高频段信号,抑制或衰减低频段信号的电路。将低通滤波器中电阻电容位置互换,低通滤波器就变换为高通滤波器。二阶压控电压源有源高通滤波器如图 4.4 所示,其频率特性为

$$H(\mathrm{j}\omega) = \frac{A_0}{1 - \left(\dfrac{\omega_0}{\omega}\right)^2 - \mathrm{j}\,\dfrac{\omega_0}{Q_品\,\omega}} \tag{4.4}$$

式中,$A_0 = 1 + \dfrac{R_F}{R_1}$,$\omega_0 = \dfrac{1}{RC}$,$Q_品 = \dfrac{1}{3 - A_0}$。二阶压控电压源有源高通滤波器幅频特性如图 4.4(b)所示,阻带内衰减速率也是 40 dB/10 倍频,且 $Q_品 > 0.707$ 时出现峰值。

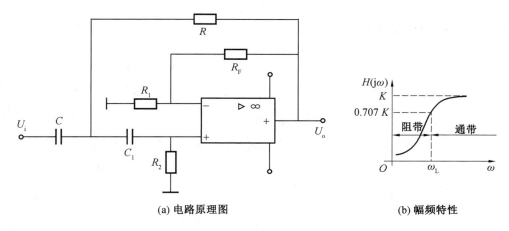

(a) 电路原理图　　　　　　　　(b) 幅频特性

图 4.4　二阶压控电压源有源高通滤波器

3.二阶有源带通滤波器

只允许在某一个通频带范围内的信号,而比通频带下限频率低和比上限频率高的信号均加以抑制或者衰减,这种电路即为带通滤波电路。二阶低通滤波器其中一级改成高通就构成了基本的二阶有源带通滤波器。二阶压控电压源有源带通滤波器,如图 4.5 所示,其频率特性为

$$H(j\omega) = \cfrac{A_0}{1 + jQ_{品}\left(\cfrac{\omega}{\omega_0} - \cfrac{\omega_0}{\omega}\right)} \tag{4.5}$$

式中,ω_0 为中心频率,$\omega_0 = \dfrac{1}{RC}$;$A_0 = \dfrac{R_1 + R_F}{2R_1 - R_F}$;$Q_{品} = \dfrac{R_1}{2R_1 - R_F}$。带通滤波器幅频特性与谐振特性类似,可自行分析。

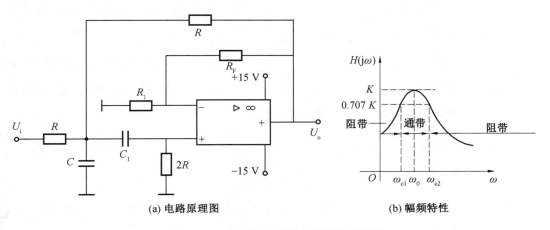

(a) 电路原理图　　　　　　　　(b) 幅频特性

图 4.5　二阶压控电压源有源带通滤波器

4.1.5　实验内容与步骤

1.二阶有源低通滤波器

二阶有源低通滤波器实验参考电路如图 4.6 所示,按图连接各元件,$R = R_1 = 20$ kΩ,电容选择两组,一组 $C_1 = 0.22$ μF、$C_2 = 4\ 700$ pF,另一组 $C_1 = 0.047$ μF、$C_2 = 0.022$ μF。先选择第一组电容,检查线路是否正确连接。输入端接函数信号发生器,输出端接交流毫伏表。接通 ±6 V 两组电源,保持输入电压 $U_i = 1$ V 有效值的正弦信号,调节输入电压 U_i 的频率(范围为 30 Hz ~ 3 kHz),测量出对应的 U_o 幅度并记录。

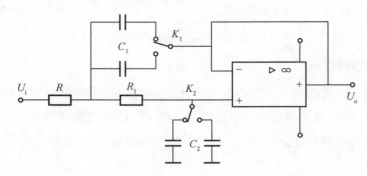

图 4.6　二阶有源低通滤波器实验参考电路

改变电容参数,接入另一组电容,$C_1 = 0.047$ μF、$C_2 = 0.022$ μF,重复做一次实验,记录结果。分析两组电容下测量结果,整理实验数据,在同一坐标纸上绘出不同 $Q_品$ 值二阶有源低通滤波器幅频特性。

2.二阶有源高通滤波器

按图 4.4 所示二阶压控电压源有源高通滤波器实验电路连接各元件,$R_1 = R = R_2 = 20$ kΩ,$R_F = 10$ kΩ,$C = C_1 = 0.22$ μF,检查线路是否正确连接。输入端接函数信号发生器,输出端接交流毫伏表。接通 ±6 V 两组电源,保持输入电压 $U_i = 1$ V 有效值的正弦信号,调节输入电压 U_i 的频率(从 30 Hz ~ 3 kHz),测量出对应的 U_o 幅度并记录,分析测量结果,整理实验数据,绘出二阶有源高通滤波器幅频特性。

4.1.6　注意事项

(1)电源电压极性不允许接反,否则集成电路将遭损坏。

(2)在截止频率附近多取一些测试频率,以便能准确反映滤波器在转折频率附近的幅频特性。

(3)采用二阶压控电压源有源滤波器作为实验电路,电阻 $\dfrac{R_F}{R_1}$ 之比要小于 2。

4.1.7　思考与分析

（1）整理实验数据，在同一坐标纸上绘出不同 $Q_{品}$ 值二阶有源低通滤波器幅频特性,对绘得的幅频特性曲线进行比较分析,并与理论分析进行比较,得出实验和理论分析结论。

（2）二阶压控电压源有源滤波器,电阻 $\dfrac{R_F}{R_1}$ 之比如果大于 2,滤波器电路会出现什么现象？

（3）二阶有源低通滤波器,要求通带放大倍数大于 1,该选用哪个电路？

（4）如何构成高阶有源低通滤波器？

（5）可否用低通和高通滤波器构成带阻滤波器？

4.2　波形发生器的设计

4.2.1　实验目的

通过对方波发生器、三角波发生器的实验研究,进一步掌握它们的主要特点和分析方法。

4.2.2　预习要点

（1）复习运用集成运算放大器,加入反馈网络,利用正反馈原理,满足振荡条件,构成各类波形发生电路的原理,完成实验步骤中理论数据的计算。

（2）预习实验中所用到的实验仪器的使用方法及注意事项,预习实验中使用到的波形发生电路的工作原理和使用方法。

4.2.3　实验设备与元器件

实验所需要的设备与元器件列表见表 4.2。

表4.2　实验设备与元器件列表

名称	型号	数量
直流稳压电源	DP832A	1 台
手持万用表	Fluke 287C	1 台
示波器	Tek MSO2012B	1 台
信号发生器	DG4062	1 台
电阻器	2 kΩ、100 kΩ	4 只

续表4.2

名称	型号	数量
电位器	100 kΩ	2 只
电容器	0.01 μF、0.1 μF	2 只
集成运放	LM741、μA741	2 只
双向稳压管	2DW231(6.2 V)	1 只
二极管	1N4007	2 只
短接桥和连接导线	P8 – 1 和 50148	若干
实验用六孔插件方板	300 mm × 298 mm	1 块

4.2.4　实验原理分析及内容

波形发生电路广泛应用于通信、自动控制和计算机技术等领域。利用集成运算放大器的高增益和正反馈振荡条件,可以构成方波、三角波和锯齿波等各种低频波形发生电路。本次实验以方波发生电路和三角波发生电路的设计为例,介绍波形发生电路的原理和实验参数的测定方法,可根据需要自行设计占空比可调的矩形波发生电路和锯齿波发生电路。

1.典型方波发生电路

典型方波发生器电路设计如图4.7所示,其中 D_Z 为双向稳压管,输出电压的幅度钳位在 $+U_Z$ 或 $-U_Z$,R_1 和 R_2 构成正反馈电路,R_F 和 C 构成负反馈电路,u_o 的极性由 u_c 和 U_{R2} 比较结果确定。

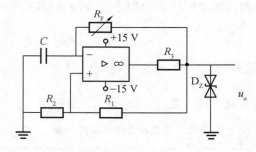

图 4.7　典型方波发生器电路设计

分析此电路,比较集成运放正负输入端的电压 u_c 和 U_{R2},当输出 u_o 为正值时,通过 R_F 对电容 C 充电;当输出 u_o 为负值时,电容 C 通过 R_F 放电后反向充电,经过周期性变化,在输出端得到的即为方波电压,在电容两端产生的是三角波电压。方波周期为

$$T = 2R_F C \ln\left(1 + \frac{2R_2}{R_1}\right) \tag{4.6}$$

方波发生器实验步骤如下。

（1）按图4.7接线，选择元器件，$R_1 = R_2 = 100\ k\Omega$，$C = 0.1\ \mu F$，$R_F = 10\ k\Omega$ 可调电阻，构成方波发生电路；运放使用 LM741 或者 μA741，采用 + 15 V 和 − 15 V 供电；D_z 为双向稳压管 2DW231。

分析图 4.7 的工作原理，计算出 u_o 的周期 T，并填入表 4.3 中。

表4.3　方波发生器实验数据记录表

计算周期	频率	周期	幅值	占空比

（2）用示波器探头观测电压 u_o 和 u_C 的波形，测出 u_o 的频率、周期、幅值、占空比，并记录输出波形。

2.占空比可调的矩形波发生电路

请根据上节方波发生器，设计一个占空比可调的矩形波发生器，其电路图如图 4.8 所示，自行确定电阻和电容参数。其中 D_1 和 D_2 为二极管 1N4007，R_W 为 100 $k\Omega$ 电位器。运放使用 LM741 或者 μA741，采用 + 15 V 和 − 15 V 供电，D_z 为双向稳压管 2DW231，请测量如下内容。

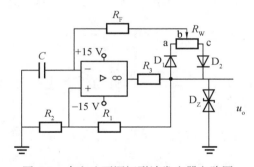

图 4.8　占空比可调矩形波发生器电路图

（1）电位器 R_W 动端 b 点与 a 点电阻为零时，用示波器观察并记录输出电压 u_o 的波形，需测试出 u_o 的频率、周期、幅值、占空比。

（2）电位器 R_W 动端 b 点与 c 点电阻为零时，用示波器观察并记录电压 u_o 和 u_C 的波形，需测试出 u_o 的频率、周期、幅值、占空比。

（3）测量图 4.8 所示电路的波形参数，幅值和周期，请观察，调整电位器 R_W 时，周期是否变化。

3.方波－三角波发生器电路

如果将滞回比较器和积分器前后连接成闭环系统，可得到方波－三角波发生器电路，如图 4.9 所示。分析电路可知，比较器输出方波，经积分器积分得到三角波，三角波触发比较器自动翻转形成方波,形成周期性变化。

滞回比较器输出矩形波电压 u_{o1},积分器输出三角波电压 u_o。经过理论分析可知,u_o 正向峰值为 $U_{om} = \dfrac{R_1}{R_2}U_Z$,负向峰值为 $-U_{om} = \dfrac{R_1}{R_2}U_Z$,振荡周期为 $T = 4R_4C\dfrac{U_{om}}{U_Z} = \dfrac{4R_4R_1C}{R_2}$。

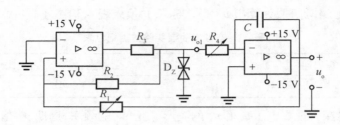

图 4.9　方波 – 三角波发生器电路

按图 4.9 接线,选择元器件,R_1 为 100 kΩ 电位器,R_4 为 220 kΩ 电位器,$R_2 = 100$ kΩ,$R_3 = 2$ kΩ,$C = 0.01$ μF,构成三角波发生电路,运放使用 LM741 或者 μA741,采用 + 15 V 和 – 15 V 供电,D_Z 为双向稳压管 2DW231。实验步骤如下。

(1)分析电路工作原理,思考两个运放是否工作在线性范围内? 为什么?

(2)若需要获得 u_{o1} 的幅值为 ±1 V,周期为 1 ms,请测量此时 R_1 和 R_4 的值,并用示波器探头检测 u_{o1} 和 u_o 的波形,并在同一坐标系下画出两电压波形。请测出 u_{o1} 的频率、占空比及 u_o 的周期和有效值。

4.锯齿波发生电路

请使用两个集成运放芯片,自行设计一个锯齿波发生电路,前级运放输出为 u_{o1},后级运放输出为 u_o,完成如下电路功能。

(1)请得出 u_o 的峰峰值为 2 V(即 ±1 V),周期为 1 ms 的锯齿波。

(2)分析锯齿波发生电路的工作原理,电容 C 的充电回路和放电回路各是什么? 充电和放电的时间常数是否相同。

(3)记录 u_{o1} 和 u_o 电压波形,测量 u_{o1} 的频率、占空比及 u_o 的周期、幅值。

4.2.5　注意事项

(1)集成运放芯片的电源为正、负对称电源,不可把正、负电源极性接反或将输出端短路,否则会烧坏芯片。

(2)稳压二极管的型号不能选错。

(3)每次更换电路时,必须首先断开电源,严禁带电操作。

(4)在电路工作中,如果发现波形不对,或者异常声音、异常发热,需要马上断电,检查电路。

4.2.6　思考与分析

（1）方波发生器电路中 C 的数值增大时，频率和占空比是否变化？为什么？

（2）试分析比较三角波发生器与锯齿波发生器的共同特点和区别？如何根据三角波发生器的实验，设计出锯齿波发生器电路？

4.3　函数发生器的设计

4.3.1　实验目的

（1）学习专用集成函数发生器芯片 ICL8038 进行函数发生器设计。

（2）掌握集成函数信号发生器的内部一般组成及功能。

（3）掌握集成函数发生器芯片 ICL8038 应用和波形参数及其测试方法。

4.3.2　预习要点

明确本次实验的原理、实验电路图，完成理论计算值的计算。

4.3.3　实验设备与元器件

实验所需要的设备与元器件列表见表 4.4。

表4.4　实验设备与元器件列表

名称	型号	数量
多功能交直流电源	30221095	1 台
示波器	Tek MSO2012B	1 台
电阻器	1 kΩ、4.7 kΩ、6.8 kΩ、10 kΩ、20 kΩ	8 只
电容器	0.01 μF、0.1 μF、220 μF、1 000 pF	5 只
电位器	1.0 kΩ、10 kΩ、100 kΩ	4 只
双向稳压管	2DW231(6.2 V)	1 只
三极管	9013	1 只
IC 插座	14 芯（配芯片 ICL8038）	1 只
短接桥和连接导线	P8－1 和 50148	若干
实验用六孔插件方板	300 mm × 298 mm	1 块

4.3.4　实验原理

ICL8038 是单片集成函数信号发生器，其内部电路如图 4.10 所示，其管脚功能图如图

4.11 所示。它由恒流源 I_1、I_2，电压比较器 A、B，电压跟随器，触发器，缓冲器及三角波－正弦波电路等组成。

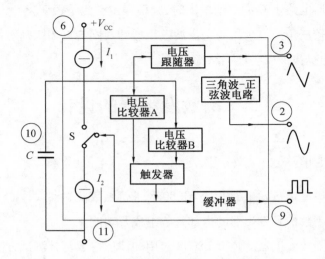

图 4.10　单片集成函数信号发生器内部电路

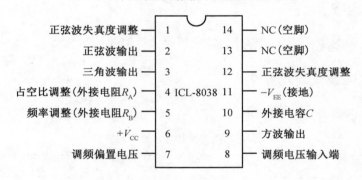

图 4.11　ICL8038 管脚功能图

外接电容 C 由两个恒流源充电和放电，电压比较器 A、B 的阈值分别为电源电压（$+V_{CC}$、$-V_{EE}$）的 2/3 和 1/3。恒流源 I_1、I_2 的大小可通过外接电阻调节，要保证 $I_2 > I_1$。当触发器的输出为低电平时，恒流源 I_2 断开，恒流源 I_1 给 C 充电，它的两端电压 u_C 随时间线性上升，当 u_C 达到电源电压的 2/3 时，电压比较器 A 的输出电压发生跳变，使触发器输出由低电平变为高电平，恒流源 I_2 接通，由于 $I_2 > I_1$（令 $I_2 = 2I_1$），恒流源 I_2 将电流 $2I_1$ 加到 C 上反向充电，相当于 C 由一个净电流 I 放电，C 两端的电压 u_C 线性下降。当 u_C 下降到电源电压的 1/3 时，电压比较器 B 的输出电压发生跳变，使触发器的输出由高电平跳变为原来的低电平，恒流源 I_2 断开，I_1 再给 C 充电，如此周期变化，产生振荡。若调整电路，使 $I_2 = 2I_1$，则触发器输出为方波，经反相缓冲器由管脚 ⑨ 输出方波信号。C 的电压 u_C，上升与下降时间相等，为三角波，经电压跟随器从管脚 ③ 输出三角波信号。将三角波变为正弦波是经过一个非线性的变换网络（正弦波变换器）实现的，在这个非线性网络中，当三角波电位向两端顶点摆动时，网络提供的交流通路阻抗会减小,这样就使三角波的两端变为平滑的正弦波,从管脚 ② 输出。

4.3.5　实验步骤

(1) 按图 4.12 所示的函数信号发生器实验电路图组装电路,取 $C = 0.01$ μF,电位器 R_{W1}、R_{W2}、R_{W3}、R_{W4} 均置中间位置。调整电路,使其振荡产生方波,调整电位器 R_{W2},令方波的占空比达到 50%。

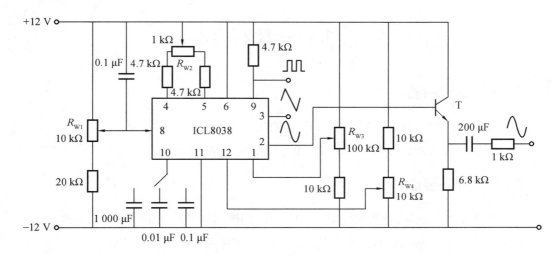

图 4.12　函数信号发生器实验电路图

(2) 保持方波的占空比 50% 不变,用示波器观察 ICL8038 正弦波输出端的波形,反复调整 R_{W3}、R_{W4},使正弦波不产生明显失真。

(3) 调节电位器 R_{W1},使输出信号从小到大变化,记录管脚 8 的电位,测量输出正弦波的频率并记录。

(4) 改变外接电容 C 的值(取 $C = 0.1$ μF、1 000 pF),观测三种输出波形,并与 $C = 0.01$ μF 时测得的波形做比较,分析波形变化原因并得出结论。

(5) 改变电位器 R_{W2} 的值,观测三种输出波形,分析波形变化原因并得出结论。

4.3.6　注意事项

(1) 函数发生器芯片 ICL8038 的电源为正负对称电源,不可把正、负电源极性接反或将输出端短路,否则会烧坏芯片。

(2) 每次更换电路时,必须首先断开电源,严禁带电操作。

(3) 在电路工作中,如果发现波形不对,或者异常声音、异常发热,需要马上断电,检查电路。

4.3.7 思考与分析

（1）分别画出 $C = 0.1\ \mu F$、$C = 0.01\ \mu F$、$C = 1\ 000\ pF$ 时所观测到的方波、三角波和正弦波的波形图，分析波形产生原因。

（2）列表整理 C 取不同值时三种波形的频率和幅值。

（3）请总结组装、调整函数信号发生器的心得体会。

4.4　多位计数器的设计

4.4.1 实验目的

（1）掌握常用触发器的逻辑功能和使用方法。

（2）掌握中规模集成计数器 74LS161 的逻辑功能和使用方法。

4.4.2 预习要点

（1）熟悉 J－K 触发器、集成计数器 74LS161 的逻辑功能及其组成的计数电路。

（2）实验之前必须明确本次实验的目的、意义、实验原理、实验电路图。

4.4.3 实验设备与元器件

实验所需要的设备与元器件列表见表 4.5。

表4.5　实验设备与元器件列表

名称	型号	数量
直流电源及适配器	5 V,SD128B	1 块
14 芯 IC 插座	SD143	若干
16 芯 IC 插座	30121058	若干
4 位输入器	SD101	若干
4 位输出器	SD102B	若干
4 位数码显示器	30121098	若干
芯片	74LS112、74LS00、74LS161	若干
实验用六孔插件方板及导线	P2,300 mm × 298 mm	若干

4.4.4 实验原理

在前面的基础实验中，熟悉了基本门电路和触发器的逻辑功能，本次实验利用

74LS112、74LS00、74LS161 等芯片来完成任意进制计数器的设计实验。

1.七进制加法计数器的设计

同步时序逻辑电路的设计步骤：① 逻辑抽象，得出电路的状态转换图或状态转换表；② 状态化简，最简化电路设计方案；③ 状态分配，确定时序电路所需的触发器数量；④ 选定触发器的类型，求出电路的状态方程、驱动方程和输出方程；⑤ 根据得到的方程式画出逻辑图；⑥ 检查设计的电路能否自启动。

异步时序逻辑电路的设计步骤与同步时序逻辑电路类似，只是在选定触发器类型后需要为每个触发器选定时钟信号。挑选时钟的原则是，① 触发器的状态应该翻转时必须有时钟信号发生；② 触发器的状态不应翻转时"多余的"时钟信号越少越好。

下面以使用 J － K 触发器构建同步七进制加法计数器为例，说明计数器的设计方法。

（1）七进制加法计数器状态转换图如图 4.13 所示。

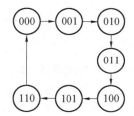

图 4.13　七进制加法计数器状态转换图

（2）由状态转换图列出的状态转换表见表 4.6。

表4.6　状态转换表

CLK	$Q_3Q_2Q_1$	$Q_3^*Q_2^*Q_1^*$
0	000	001
1	001	010
2	010	011
3	011	100
4	100	101
5	101	110
6	110	000
7	000	001

（3）根据表 4.6 画出次态逻辑函数的卡诺图如图 4.14（a）所示。

（4）将图 4.14（a）分解为三个卡诺图，分别表示 Q_1^*、Q_2^*、Q_3^* 三个逻辑函数，如图 4.14（b）～（d）所示。

（5）由图 4.14（b）～（d）的卡诺图得到电路的状态方程，即

$$\begin{cases} Q_1^* = Q_1' Q_2' + Q_1' Q_3' = Q_1'(Q_2 Q_3)' \\ Q_2^* = Q_1 Q_2' + Q_1' Q_2 Q_3' = Q_1 Q_2' + Q_1' Q_2 Q_3' \\ Q_3^* = Q_2' Q_3 + Q_1 Q_2 Q_3' = Q_1 Q_2 Q_3' + Q_2' Q_3 \end{cases}$$

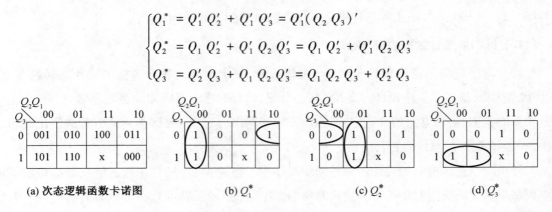

(a) 次态逻辑函数卡诺图　　　　(b) Q_1^*　　　　(c) Q_2^*　　　　(d) Q_3^*

图 4.14　状态逻辑函数卡诺图

（6）由状态方程写出三位同步加法计数器的驱动方程，即

$$\begin{cases} J_1 = (Q_2 Q_3)', & K_1 = 1 \\ J_2 = Q_1, & K_2 = (Q_1' Q_3')' \\ J_3 = Q_1 Q_2, & K_3 = Q_2 \end{cases}$$

（7）画出三位七进制同步加法计数器的逻辑图，如图 4.15 所示。其中，逻辑门都采用了与非门。

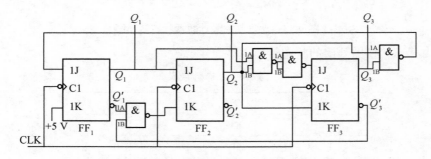

图 4.15　三位七进制同步加法计数器逻辑图

2.使用 74LS160/161 设计 N 进制计数器

使用 74LS160/161 设计 N 进制计数器的设计要点在于通过异步清零和同步置位端口复位计数器状态。

（1）反馈归零法设计要点。

考虑到 74LS160/161 芯片的清零端 R_D' 为异步清零端，因此在将芯片计数器输出端 $Q_3 \sim Q_0$ 状态通过逻辑门电路反馈至异步清零端时，应选择 $Q_3 \sim Q_0$ 组合等于 N 时进行反馈，实现 N 进制计数器。例如当使用 74LS160/161 构建八进制计数器时，芯片异步清零端的逻辑表达式应为 $Q_3 Q_2' Q_1' Q_0'$。

（2）置数法设计要点。

考虑到 74LS160/161 的置数端 LD′ 为同步置数端,因此在将计数器输出端 $Q_3 \sim Q_0$ 状态通过逻辑门电路反馈至同步置数端时,应选择 $Q_3 \sim Q_0$ 组合等于 $N-1$ 时进行反馈,实现 N 进制计数器。例如当使用 74LS160/161 构建八进制计数器时,置数端 LD′ 的逻辑表达式应为 $Q_3' Q_2 Q_1 Q_0$。

4.4.5　实验内容

1.用 J－K 触发器设计具有自启动功能的同步六进制加法计数器

使用 3 个 J－K 触发器,组成三位同步六进制加法计数器。电路的时钟 CLK 为手动脉冲,输出 $Q_3 Q_2 Q_1$ 分别接电平指示灯。该电路具备的功能是,每次按下手动脉冲,输出 $Q_3 Q_2 Q_1$ 代表的二进制编码数值加一,数值在 $0 \sim 5$ 之间循环。为实现上述目的,要求使用两片 74LS112 实现,具体要求如下。

（1）画出电路图。

（2）选择合适的元器件搭建电路,验证计数器的计数功能。

2.用 J－K 触发器设计带有进位输出端的异步八进制加法计数器

使用 3 个 J－K 触发器,组成异步八进制加法计数器。电路的时钟 CLK 为手动脉冲,输出 $Q_3 Q_2 Q_1$ 接电平指示灯。该电路具备的功能是,每次按下手动脉冲,输出 $Q_3 Q_2 Q_1$ 代表的二进制编码数值加一,数值在 $0 \sim 7$ 之间循环,当有进位信号产生时,进位输出端电平为 1,否则为 0,具体要求如下。

（1）画出电路图。

（2）选择合适的元器件搭建电路,验证计数器的计数功能。

3.用 74LS160 的反馈归零法和置数法设计六进制计数器

使用 74LS160 搭建一个六进制计数器,其中输出用 LED 指示灯显示计数状态。时钟 CLK 为手动脉冲,分别设计出六进制计数器的反馈清零逻辑和置数逻辑信号的逻辑电路,实现一个六进制计数器,具体要求如下。

（1）画出电路图。

（2）选择合适的元器件搭建电路,验证计数器的计数功能。

4.用 74LS160 的置数法设计七进制计数器并用数码管显示

使用 74LS160 和带有译码电路的数码管模块搭建一个七进制计数器电路,其中输出用带有译码器模块的数码管显示计数状态。时钟 CLK 为手动脉冲。使用置数法完成电路设计,实现一个七进制计数器。带译码器模块的数码管模块输入端为 *ABCD* 四位二进制编码,接 74LS160 的计数器输出端 $Q_0Q_1Q_2Q_3$ 进行显示,具体要求如下。

(1)画出电路图。

(2)选择合适的元器件搭建电路,验证计数器的计数功能。

5.用 74LS161 的反馈归零法和置数法设计十二进制计数器

使用 74LS161 搭建一个十二进制计数器电路。其中时钟 CLK 为手动脉冲,分别设计十二进制计数器的反馈清零逻辑和置数逻辑信号的逻辑电路,实现一个十二进制计数器,具体要求如下。

(1)画出电路图。

(2)选择合适的元器件搭建电路,验证计数器的计数功能。

6.设计一百进制计数器

使用两个 74LS161 设计一百进制计数器,实现基本的计数功能,具体要求如下。

(1)画出电路图。

(2)选择合适的元器件搭建电路,验证计数器的计数功能。

4.4.6　注意事项

(1)遵守实验室的各项规章制度,注意用电安全,禁止带电操作,不允许带电接线或换元器件。

(2)集成芯片 + 5 V 电源的极性不能接反,芯片方向不能插错,集成芯片的输出端不允许短路。

(3)全部实验做完后,关掉电源,拆线,整理实验台,物归原处,方可离开实验室。

4.4.7　思考与分析

(1)如何使用与非门芯片组成异或门、同或门?

(2)若用 74LS161 的同步置数端设计一个十进制计数器,电路如何实现? 与图 5.6 电路相比较有什么不同?

(3)如果使用 74LS162/163 芯片实现六进制和十二进制计数器,电路设计方案与现有的 74LS160/161 芯片有何区别?

(4)什么是反馈归零法? 什么是置数法? 二者有何不同?

(5)什么是能自行启动的计数器?

4.5　555 定时器及其应用电路设计

4.5.1　实验目的

（1）熟悉 555 定时器电路结构、工作原理及特点。

（2）学习使用 555 定时器设计实际应用电路的方法。

4.5.2　预习要点

（1）复习 555 定时器的工作原理。

（2）熟悉用 555 定时器与外设 R 和 C 元件构成单稳态触发器和多谐振荡器的参数计算方法。

4.5.3　实验设备与元器件

实验所需要的设备与元器件列表见表 4.7。

表4.7　实验设备与元器件列表

名称	型号	数量
示波器	实验室自备	1 台
万用表	FLUKE287C	1 台
电源适配器	SD128B	1 只
14 芯 IC 插座	16005003	1 只
电阻模块	16005010、16005011	2 只
多圈电位器	16005015、16005018	2 只
电容模块	16005020	1 只
二极管模块	16005021	1 只
集成芯片	HA17555	1 只
连接导线	P2	若干
实验用六孔插件方板	300 mm × 298 mm	1 个
扬声器模块	16005022	1 个

4.5.4　555 定时器工作原理

555 定时器是由模拟和数字逻辑电路组成的多功能混合集成电路。由于电路中使用了 3 个 5 kΩ 的电阻分压,因此取名为 555 定时器。555 定时器只要外接少量阻容元器件,就可以组成施密特触发器、单稳态触发器、多谐振荡器等。由于 555 定时器电路结构简单,性能可靠,使用方便,因此应用范围很广泛。555 定时器内部结构图及管脚排列图如图 4.16 所示。

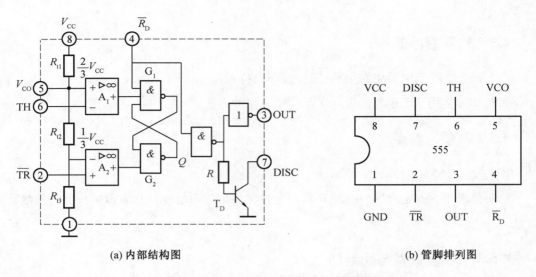

(a) 内部结构图   (b) 管脚排列图

图 4.16   555 定时器内部结构图及管脚排列图

555 定时器有两个电压比较器 A_1 和 A_2、一个基本 RS 触发器、一个放电晶体管 T_D。与非门 G_1 和 G_2 构成基本 RS 触发器,$\overline{R_D}$ 为复位端,低电平有效。比较器的输入端有一个由 3 个 5 kΩ 电阻(R_{t1}、R_{t2}、R_{t3})构成的分压器,A_1 和 A_2 的输出 U_{A1} 和 U_{A2} 为基本 RS 触发器的触发信号。若比较器 A_1 和 A_2 的两个输入端的电压为 $U_+ < U_-$,则输出 U_A 为低电平,(U_A = "0");反之输出 U_A 为高电平(U_A = "1")。比较器 A_1 的参考电压 $U_{1+} = \frac{2}{3}V_{CC}$,比较器 A_2 的参考电压 $U_{2-} = \frac{1}{3}V_{CC}$,这两个值称为阈值,其中 $\frac{2}{3}V_{CC}$ 由 5 脚引出,5 脚称为电压控制端,用符号 V_{CO} 表示。5 脚不用时,外接一个 0.01 μF 的电容滤波。放电晶体管 T_D 为外接电容提供充、放电回路。此外,还有高触发端 TH、低触发端 $\overline{TR}$、输出端 OUT、地端 GND。

1. 555 定时器构成施密特触发器

利用 555 的高低电平触发的回差电平,可构成具有滞回特性的施密特触发器,主要用于对输入波形的整形。555 定时器构成的施密特触发器电路原理图如图 4.17 所示。施密特触发器的工作原理和多谐振荡器基本相同。只不过多谐振荡器是靠电容器的充放电来控制电路状态的翻转,而施密特触发器是靠外加电压信号来控制电路状态的翻转。所以,在施密特触发器中,外加信号的高电平必须大于 $\frac{2}{3}V_{CC}$,低电平必须小于 $\frac{1}{3}V_{CC}$,否则电路不能翻转。工作原理分析如下。

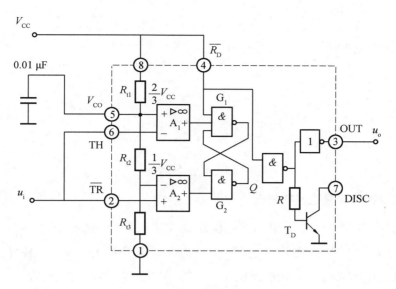

图 4.17　施密特触发器电路原理图

（1）输入信号从 0 逐渐升高的过程。

① 当 $u_i < \dfrac{1}{3}V_{CC}$ 时，$Q = 1$，$u_o = V_{oH}$。

② 当 u_i 增加到 $\dfrac{2}{3}V_{CC} > u_i > \dfrac{1}{3}V_{CC}$ 时，$Q = 1$，$u_o = V_{oH}$，保持原态。

③ 当 $u_i > \dfrac{2}{3}V_{CC}$ 时，$Q = 0$，$u_o = V_{oL}$。

正向阈值 $U_{T+} = \dfrac{2}{3}V_{CC}$。

（2）输入信号从 $\dfrac{2}{3}V_{CC}$ 逐渐下降的过程。

① 当 $\dfrac{2}{3}V_{CC} > u_i > \dfrac{1}{3}V_{CC}$ 时，$Q = 0$，$u_o = V_{oL}$，保持原态。

② 当 $u_i < \dfrac{1}{3}V_{CC}$ 时，$Q = 1$，$u_o = V_{oH}$。

负向阈值 $U_{T-} = \dfrac{1}{3}V_{CC}$。

电压传输特性如图 4.18 所示。

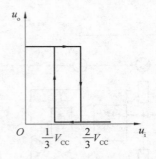

图 4.18　电压传输特性

2. 555 定时器构成单稳态触发器

图 4.19 所示为 555 定时器构成的单稳态触发器电路原理图。复位端 4 脚接高电平 V_{CC}。触发信号 u_i 从低电平触发端 2 脚输入,电路在 u_i 的下降沿触发。晶体管 T_D 的集电极输出端 7 脚通过电阻 R 接 V_{CC},构成反相器。反相器的输出 7 脚同时接电容 C,555 定时器的高电平触发端 6 脚也与 7 脚端相连,从而构成积分型单稳态触发器。工作原理分析如下。

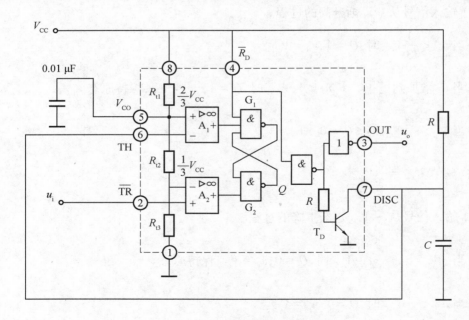

图 4.19　单稳态触发器电路原理图

① 当 u_i 为高电平时,$u_o = 0$,电路处于稳态。

② 当 u_i 的触发脉冲下降沿到时,即 $u_i < \dfrac{1}{3}V_{CC}$ 时,基本 RS 触发器被置 1,u_o 跳变为高电平。与此同时三极管 T_D 截止,电容 C 充电,暂态开始。当电容充电到 $u_C = \dfrac{2}{3}V_{CC}$ 时,基本 RS 触发器被置 0,暂态结束,u_o 返回 0 态。此后,三极管 T_D 导通,电容 C 放电至 0,电路恢复到

稳态。

当 V_{CO} 端不外接控制电压时,单稳态触发器的输出脉冲宽度 t_w 为

$$t_w = RC\ln \frac{V_{CC}}{V_{CC} - \frac{2}{3}V_{CC}} \approx 1.1RC$$

t_w 由定时元件 R 与 C 参数决定,改变 R 与 C 值,可以控制输出波形的宽度。因此,单稳态触发器常用于定时、延迟或整形电路。

3. 555 定时器构成多谐振荡器

图 4.20 所示为由 555 定时器构成的多谐振荡器电路原理图,高、低电平触发输入端 TH 与 $\overline{TR}$ 相连接到电容 C 上,作为振荡器的输入信号。复位端 4 脚接高电平。晶体管 T_D 集电极上拉电阻 R_1 至电源 V_{CC} 构成反相器,反相器输出端 7 脚 DISC 通过 R_2C 积分电路反馈至输入端 TH 和 $\overline{TR}$,组成自激多谐振荡器。此电路没有稳态,也不需外加触发信号,电源通过 R_1 和 R_2 向 C 充电以及 C 通过 R_2 向 DISC 端放电,使电路自动在两个暂稳态之间变化,形成振荡信号输出。工作原理分析如下。

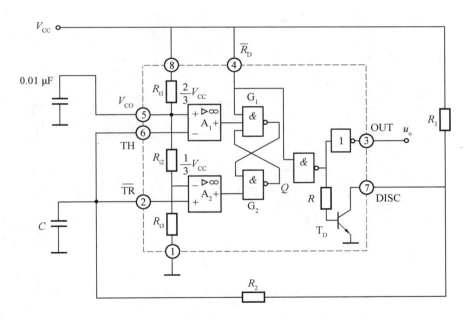

图 4.20　多谐振荡器电路原理图

设电源接通后,$Q = 0$,$u_o = 0$。

① 当 $Q = 0 \rightarrow T_D$ 导通 $\rightarrow C$ 放电 $\rightarrow V_C = \frac{1}{3}V_{CC}$ 时,$Q = 1$,$u_o = 1$。

② 当 $Q = 1 \rightarrow T_D$ 截止 $\rightarrow C$ 充电 $\rightarrow V_C = \dfrac{2}{3} V_{CC}$ 时,$Q = 0$,$u_o = 0$。

电容充电时,电路的暂稳态持续时间为

$$T_1 = (R_1 + R_2)\, C \ln 2 = 0.7(R_1 + R_2)$$

电容 C 放电时,暂稳态持续时间为

$$T_2 = R_2 C \ln 2 = 0.7 R_2 C$$

因此,电路输出矩形脉冲的周期为

$$T = T_1 + T_2 = 0.7(R_1 + 2R_2)\, C$$

输出矩形脉冲的占空比为

$$q = \frac{T_1}{T} = \frac{R_1 + R_2}{R_1 + 2R_2} \times 100\%$$

可见,通过改变电阻 R_1、电阻 R_2 和电容 C 的参数,即可改变振荡信号频率。振荡信号的占空比由 R_1 和 R_2 的参数决定,但此电路无法小于 50%。要使多谐振荡器的占空比在 50% 以下的范围可调,必须使电容的充、放回路互相独立。那么可以在图 4.20 所示电路上增加 1 个电位器和两个二极管来实现,占空比可调多谐振荡器原理图如图 4.21 所示。

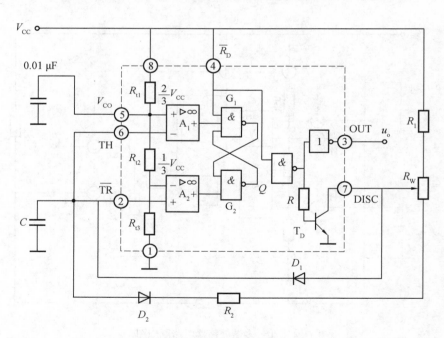

图 4.21　占空比可调多谐振荡器原理图

4.5.5　实验内容

1.用 555 定时器组成波形变换电路

555 定时器组成的波形变换电路如图 4.22 所示,按图连接电路,实验步骤如下。

（1）u_i 输入接频率为 1 kHz,峰峰值为 5 V 的正弦波,offset（直流偏置电压）为 2.5 V。此输入信号从信号源取出。

（2）用示波器观察输入电压 u_i 和输出电压 u_o 的波形,并画出波形到表 4.8 中。

（3）测量电压传输特性,并画出波形到表 4.8 中。

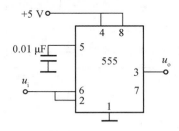

图 4.22　555 定时器组成的波形变换电路

表4.8　波形变换电路的输入输出波形与电压传输特性

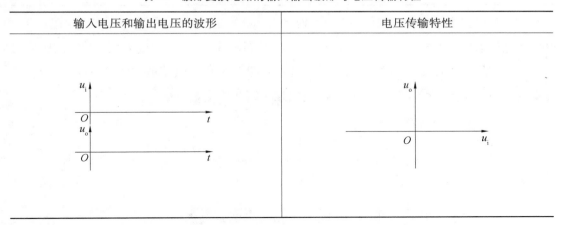

输入电压和输出电压的波形	电压传输特性

2.用 555 定时器组成定时电路

（1）555 定时器组成的定时电路如图 4.23 所示,按图连接线路。其中,V_{CC} = 5 V,R 为 560 kΩ 电阻或 1 MΩ 电阻,C 为 10 μF 的电解电容,注意电容极性不要接反。

（2）在不外加输入信号（u_i = 1,无触发电平）的情况下,用万用表测量输出端 u_o,电容 C 两端电压值 u_C,及控制端 V_{CO} 的电压,填入表 4.9 中。

（3）输入信号 u_i 由电平转换开关提供。电路的输入信号 u_i 在稳态时为高电平,将电平转换开关打到高电平。为使输入端有一个低电平触发信号,将电平转换开关快速由高电平打到低电平,再由低电平快速打到高电平,这样输入端即可给出一个负的窄触发脉冲。电路

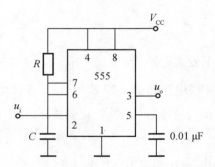

图 4.23　555 定时器组成的定时电路

的输出 u_o 接 LED 电平指示灯,在输入端信号 u_i 给出触发脉冲后,观察 LED 指示灯的灯亮时间并记录,计算定时时间,填入表 4.9 中。

表4.9　单稳态电路相关数据记录表

不外加输入信号的情况			输入 u_i 由电平转换开关提供	输入 u_i 为频率 1 kHz,占空比为 80% 的脉冲信号	
				R 最小	R 最大
u_o/V	u_C/V	V_{CO}/V	定时时间 /s	t_w/s	t_w/s

（4）将电路中的电容 C 取值由 10 μF 换为 0.1 μF,R 由 560 kΩ 电阻(或 1MΩ 电阻) 换为 10 kΩ 电位器,输入端 u_i 加由函数信号发生器产生的频率为 1 kHz,占空比为 80% 的脉冲信号,用示波器观察 u_i、u_C、u_o 的波形,并画出波形到图 4.24 中。改变电位器 R 的阻值,测量输出脉冲宽度 t_w 的变化范围,并与理论值相比较,填写相应测量数据到表 4.9 中。

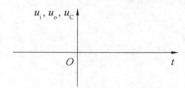

图 4.24　输入 u_i 输出 u_o 电容 u_C 波形

3.用 555 定时器组成多谐振荡器

（1）555 定时器组成的多谐振荡器如图 4.25 所示,按图连接电路。其中,$R_1 = R_2 = 100$ kΩ,电容 $C = 10$ μF。多谐振荡器的输出接 LED 指示灯,闭合 5 V 工作电源,观察指示灯的亮暗变化。

（2）改变电阻 R_2 的数值,用示波器观察电容 C(2 脚端) 上的电压波形和电路输出端 u_o 的电压波形,测量输出电压的周期 T 和占空比 q,填入表 4.10 中,并对其误差进行分析。

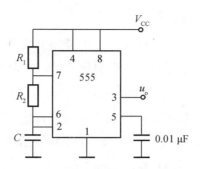

图 4.25　555 定时器组成的多谐振荡器

表4.10　多谐振荡器周期变化数据

$R_1/\text{k}\Omega$	$R_2/\text{k}\Omega$	$C/\mu\text{F}$	T(测量值)	T(理论值)	q(测量值)	q(理论值)
10	10	0.1				
10	2	0.1				
10	1	0.1				

4.用 555 定时器组成占空比可调的脉冲信号发生器

占空比可调的脉冲信号发生器如图 4.26 所示,按图连接电路。其中,$R_1 = R_2 = 10\ \text{k}\Omega$,$R_\text{w} = 100\ \text{k}\Omega$。改变电位器 R_w 的数值,用示波器观察电容 C(2 脚端)和输出端 u_o 的波形。切断电源后,将 R_1 与 V_CC 的连线断开,用万用表的欧姆挡测量电阻 R_1' 和 R_2' 的阻值,记录于表 4.11 中。

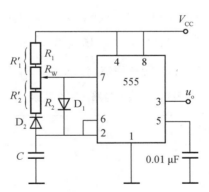

图 4.26　占空比可调的脉冲信号发生器

表4.11　测量 R_1' 和 R_2' 的阻值

$q = 80\%$	$C = 0.1\ \mu\text{F}$	$R_1' =$	$R_2' =$
$q = 50\%$	$C = 0.1\ \mu\text{F}$	$R_1' =$	$R_2' =$
$q = 30\%$	$C = 0.1\ \mu\text{F}$	$R_1' =$	$R_2' =$

5.用 555 定时器构成报警警笛电路

间歇的多谐振荡器可因为频率的变化产生报警警笛的声音变化,设计使用两片 555 定时器,一片用作低频多谐振荡器,输出低频调制脉冲,由 A_1 以及相应的外围电路构成;另一片用作高频的多谐振荡器,输出音频范围的脉冲,由 A_2 以及相应的外围电路构成。A_1 低频调制脉冲输出接到 A_2 的复位端。因为 A_1 输出周期的高低电平,当 A_1 输出为高电平时,A_2 构成的高频多谐振荡器正常工作,输出音频脉冲;当 A_1 输出为低电平时,A_2 构成的高频多谐振荡器停止振荡,这种周期变化导致 A_2 输出间歇的音频信号,也就是类似报警警笛的信号,设计的电路接线图如图 4.27 所示。

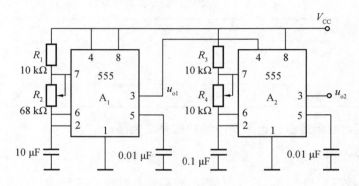

图 4.27　报警警笛电路接线图

（1）按图 4.27 连接好电路后,接通电源。

（2）调节 A_1 和 A_2 的 RC 回路中 68 kΩ 电位器和 10 kΩ 电位器,用示波器测量并记录 A_1 和 A_2 输出波形的最高频率 f_{max} 和最低频率 f_{min},填入表 4.12 中。

（3）断开示波器探头,在 u_{o2} 处连接扬声器,分别调节 R_2 和 R_4,聆听声音变化的情况。

表4.12　警笛电路的频率数据

A₁ 振荡器		A₂ 振荡器	
f_{max}/Hz	f_{min}/Hz	f_{max}/Hz	f_{min}/Hz

4.5.6　注意事项

（1）遵守实验室的各项规章制度,注意用电安全。

（2）不能在电源接通情况下连接导线和拆装集成芯片及元器件。

（3）只有切断电源,才能用万用表测量电阻 R 值。

（4）全部实验做完后,整理实验台后方可离开实验室。

4.5.7　思考题

（1）555 定时器构成的单稳态触发器的脉冲宽度和周期由什么决定？ R 与 C 的取值应怎样分配？ 为什么？

（2）555 定时器构成的多谐振荡器,其振荡周期和占空比的改变与哪些因素有关？

（3）若用 555 定时器组成 1 s 脉冲的发生器,如何选择外接的电阻和电容参数？

4.6　集成施密特触发器应用电路设计

4.6.1　实验目的

（1）了解用示波器测试集成数字器件电压传输特性的方法。

（2）掌握集成施密特触发器的几种典型应用。

4.6.2　预习要点

（1）复习有关施密特触发器及其应用电路的工作原理。

（2）明确本次实验的目的、意义、实验原理、实验电路图。

（3）如何使函数发生器输出直流脉动三角波信号,需要调节哪些旋钮？

4.6.3　实验设备与元器件

实验所需要的设备与元器件列表见表 4.13。

表4.13　实验设备与元器件列表

名称	型号	数量
直流稳压电源	DP832A	1 台
示波器	Tek MSO2012B	1 台
信号发生器	DG4062	1 台
电阻模块	SD150	1 只
14 芯 IC 插座	SD143	1 只
电容模块	SD151	1 只
集成芯片	74LS14、40106	2 只
适配器	SD128B	1 只
二极管模块	—	1 只
短接桥和连接导线	P2	若干
实验用六孔插件方板	300 mm × 298 mm	1 块

4.6.4　实验原理

在电子电路系统中,施密特触发器具有广泛的应用。根据施密特触发器的滞回特性,可以将输入的三角波、正弦波和其他不规则的周期性电压信号转变成矩形信号输出。当电信号在传输过程中受到干扰而发生畸变时,可利用施密特触发器的回差特性对信号进行整形。当输入信号为一组幅度不等的脉冲时,可利用施密特触发器对输入信号的幅度进行鉴别,只有幅度达到施密特触发器阈值电平的信号,才能引起输出变化。

当输入 u_i 小于负向阈值电平 U_{T-} 时,反相施密特触发器输出为"1",当 u_i 大于正向阈值电平 U_{T+} 时,施密特触发器输出为"0"。u_i 介于二者之间时,施密特触发器的状态保持不变。所以,触发器的电压传输关系具有滞回特性,两个阈值电平之差称为回差 ΔU_T。

1.施密特触发器构成的多谐振荡器

图 4.28 所示为用反相施密特触发器构成的多谐振荡器电路原理图。当输出 u_o 为高电平时,输入 $u_C \leqslant U_{T+}$,施密特触发器的输出通过电阻 R 向电容 C 充电,u_C 上升。当 u_C 等于 U_{T+} 时,输出 u_o 变为低电平 U_{oL},电容通过电阻 R 和施密特触发器输出端放电,u_C 下降。在 $U_{T-} < u_o < U_{T+}$ 期间,输出保持低电平不变。当 u_C 等于 U_{T-} 时,输出 u_o 变为高电平。所以 u_C 的电位在 U_{T-} 和 U_{T+} 之间变化,根据三要素法可以分析 u_o 的振荡周期 T 为

$$T = T_{pH} + T_{pL} = RC\ln \frac{U_{oH} - U_{T-}}{U_{oH} - U_{T+}} + RC\ln \frac{U_{T+} - U_{oL}}{U_{T-} - U_{oL}}$$

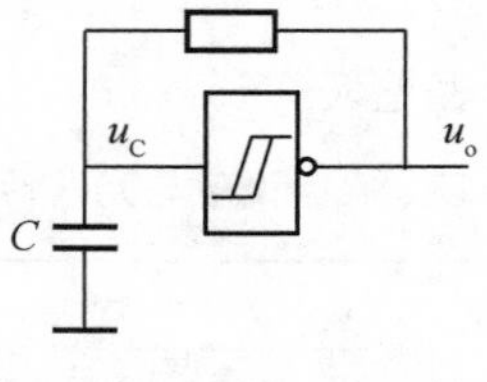

图 4.28　多谐振荡器电路原理图

2.施密特触发器构成的单稳态触发器

图 4.29 所示为用反相施密特触发器构成的微分型单稳态触发器电路原理图。阻容元件 R、C 组成微分电路,输入信号 u_i 的周期远小于 RC 电路的时间常数 τ,施密特触发器对微分电路的输出信号 u_C 进行整形,形成宽度一定的脉冲信号 u_o。当微分电路稳定时,电容开路,电阻 R 无电流通过,$u_C \approx 0$ V,u_o 为高电平。u_i 上升(从 $0 \to U_{DD}$)时,由于电容电压不能突变,u_C 电位上跃为 U_{DD},u_C 大于 U_{T+},施密特触发器输出 u_o 为"0",然后电容充电,u_C 下降至 U_{T-},u_o 为高电平。u_C 继续下降至 0 V,电路恢复为稳态。当 u_i 为下降沿(从 U_{DD} 下降至 0 V)时,u_C 电位从 0 V 下降至 $-U_{DD}$,电容放电,u_C 上升至 0 V。由于 u_C 始终小于 U_{T+},施密特触

发器输出 u_o 维持高电平。因此,在输入 u_i 上升沿触发后,输出 u_o 产生一个宽度固定为 t_w 的负脉冲。由三要素法,可知

$$t_w = RC\ln\frac{U_{DD}}{U_{T-}} \ll t_{pi}$$

　　输出脉冲宽度 t_w 与微分电路的参数 R 和 C 及施密特触发器的阈值有关,与输入信号宽度 t_{pi} 无关,具有单稳态触发器的控制特性。对于 TTL 型的施密特触发器,可以接入二极管 D 吸收 u_C 的负脉冲尖峰以保护器件,而 CMOS 型施密特触发器内部具有输入保护钳位二极管,u_C 不会产生过大的负脉冲。

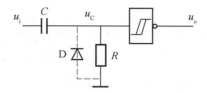

图 4.29　微分型单稳态触发器电路原理图

　　图 4.30 所示为集成施密特反相触发器 40106(74LS14) 的管脚排列图,40106 是 CMOS 器件的型号,74LS14 是 TTL 器件的型号。

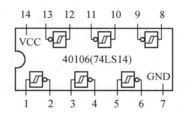

图 4.30　40106(74LS14) 的管脚排列图

　　注意:由于 TTL 电路的输入结构,用 74LS14 构成的多谐振荡器和单稳态触发器电路,对电阻 R 的阻值有所限制。如果阻值太大,输入低电平电流 i_{iL} 在电阻 R 上的压降将使施密特触发器的输入电压 u_C 不可能低于 U_{T-},甚至大于 U_{T+},致使电路功能无法实现。

4.6.5　实验步骤

1.施密特触发器特性测试

　　(1)调节函数发生器输出峰值为 5 V,频率为 1 kHz,波形为如图 4.31 所示的直流脉动三角波信号。选择 40106 的一个施密特触发器,输入三角波信号。

　　(2)用示波器 X 通道观察施密特触发器的输入 u_i,Y 通道观察输出 u_o,记录输入、输出信号波形。测量输出高电平 U_{oH}、低电平 U_{oL},对照输入、输出波形,测量施密特触发器的正向阈值电平 U_{T+} 和负向阈值电平 U_{T-}。

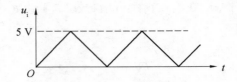

图 4.31　直流脉动三角波信号

$U_{oH} =$ _____（V），$U_{oL} =$ _____（V），$U_{T+} =$ _____（V），$U_{T-} =$ _____（V）。

（3）调节函数发生器的波形对称度旋钮，改变三角波为锯齿波信号。

（4）示波器选择 X－Y 显示方式，如果屏幕上无显示轨迹，调节电平 LEVEL 旋钮使之显现。

（5）调节 X 和 Y 位移旋钮 POSITION，调节显示灵敏度使显示轨迹便于观察。记录施密特触发器的电压传输特性曲线，再次测试施密特触发器正向阈值电平 U_{T+} 和负向阈值电平 U_{T-}、输出高电平 U_{oH} 和低电平 U_{oL}。

$U_{oH} =$ _____（V），$U_{oL} =$ _____（V），$U_{T+} =$ _____（V），$U_{T-} =$ _____（V）。

2. CMOS 施密特触发器构成的多谐振荡器

（1）根据器件管脚图（图 4.30）选择 40106 的一个施密特触发器连接图 4.28 所示电路，电阻 $R = 1$ kΩ，电容 $C = 0.01$ μF。用示波器测试 u_o 和 u_C 的信号波形，并记录表 4.14 中各相应数据。

（2）将电阻 R 改为 10 kΩ，测量表 4.14 中各相应数据。

表4.14　CMOS 施密特触发器构成的多谐振荡器数据

实测数据	T_{pH}	T_{pL}	T	U_{T+}	U_{T-}	U_{oH}	U_{oL}	T（理论）
$C = 0.01$ μF，$R = 1$ kΩ								
$C = 0.01$ μF，$R = 10$ kΩ								

3. CMOS 施密特触发器构成的单稳态触发器

（1）选择 40106 的一个施密特触发器按图 4.29 所示连接电路（二极管不接）。u_i 输入 1 kHz 的 TTL 信号。用示波器观察并记录单稳态电路的各信号波形。先观察 u_i 和 u_C，然后观察 u_C 和 u_o。测试 t_w 记录于表 4.15 中。

（2）将电阻 R 改为 10 kΩ，测量 t_w。

（3）将电阻 R 改接为上拉至电源，用示波器观察并记录信号波形，测量 t_w。

表4.15　CMOS 施密特触发器构成的单稳态触发器数据

$C = 0.01\ \mu\text{F}, R = 1\ \text{k}\Omega$		$C = 0.01\ \mu\text{F}, R = 10\ \text{k}\Omega$			
电阻 R 下拉		电阻 R 下拉		电阻 R 上拉	
实验测试 t_w	理论值 t_w	实验测试 t_w	理论值 t_w	实验测试 t_w	理论值 t_w

4. TTL 施密特触发器构成的单稳态触发器

（1）选择 TTL 施密特触发器 74LS14 连接图 4.29 所示的单稳态电路，电阻 $R = 1\ \text{k}\Omega$，输入 u_i 为 200 Hz 的 TTL 信号。用示波器观察并记录单稳态电路的各信号波形。测试 $t_w = $ _____。

（2）接入二极管，观察 u_C 波形的变化。

（3）将电阻 R 改为 10 kΩ，记录 u_i、u_C 和 u_o 的波形。测量 u_C 波形在输入 u_i 为低电平时的各电位值，$u_C = $ _____（V），$u_o = $ _____（V）。

5. TTL 施密特触发器构成的多谐振荡器

（1）按图 4.28 改接电路，电阻 $R = 1\ \text{k}\Omega$，电容 $C = 0.01\ \mu\text{F}$。用示波器测试 u_o 与 u_C 的信号波形，并记录各数据于表 4.16 中。

（2）将电阻 R 改为 10 kΩ，观察电路能否振荡，测试 $u_C = $ _____（V）。

表4.16　TTL 施密特触发器构成的多谐振荡器数据

实测数据	T_{pH}	T_{pL}	T	U_{T+}	U_{T-}	U_{oH}	U_{oL}	T（理论）
$C = 0.01\ \mu\text{F}, R = 1\ \text{k}\Omega$								

4.6.6　注意事项

（1）信号发生器、直流电源和示波器要共地。

（2）集成芯片输出端不允许短路。

（3）全部实验做完后，关掉电源，拆线，整理实验台，物归原处，方可离开实验室。

4.6.7　思考与分析

（1）如何计算 74LS14 和 40106 的回差电压 ΔU_T？

（2）请根据实验测试的 74LS14 和 40106 的阈值电平 U_{T+}、U_{T-} 计算电路的振荡频率 f。

第 5 章　　电工与电子技术远程在线及仿真实验

5.1　Multisim 多位计数器仿真实验

5.1.1　实验目的

（1）掌握 Multisim 仿真软件的基础知识、元器件库、测试仪器等的基本操作。

（2）通过实例掌握 Multisim 仿真软件在数字电路中的应用。

5.1.2　预习要点

（1）熟悉 Multisim 操作界面、元器件库、测试仪器库，进一步了解 Multisim 的电路搭建方法。

（2）实验之前必须明确本次实验的目的、实验内容和设计方法。

5.1.3　Multisim 简介及应用

Multisim 是电子电路仿真的 EDA（电子设计自动化）工具软件，在 Windows 环境下，Multisim 软件是一个完整的集成设计环境，电路图创作、分析、电路测试、结果显示等，都集成到同一个电路窗口。操作界面就是软件设计平台，与实际操作中几乎是相同的。在构建实际电路之前，可利用 Multisim 软件对电路进行虚拟测试。该软件以现代实验能力的方法和手段，使实验内容更加完整，提高了实验效率，节省了大量的实验资源。

1. Multisim 界面

Multisim 的操作界面如图 5.1 所示。

Multisim 的操作界面包含菜单栏、标准工具栏、主工具栏、虚拟仪器工具栏、元器件工具栏、项目管理器、状态栏、电路图编辑区等。具体主工具栏、元器件工具栏、虚拟仪器工具栏功能如图 5.2 ~ 5.4 所示。界面操作简单、友好，便于快速搭建电路并做具体分析。

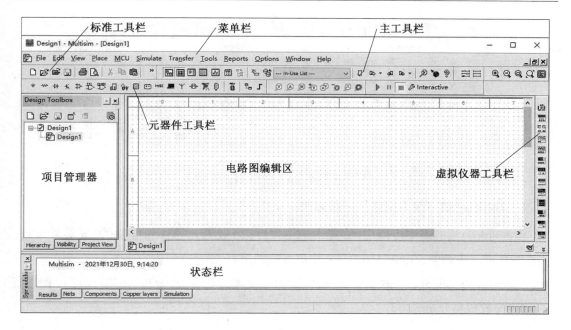

图 5.1　Multisim 的操作界面

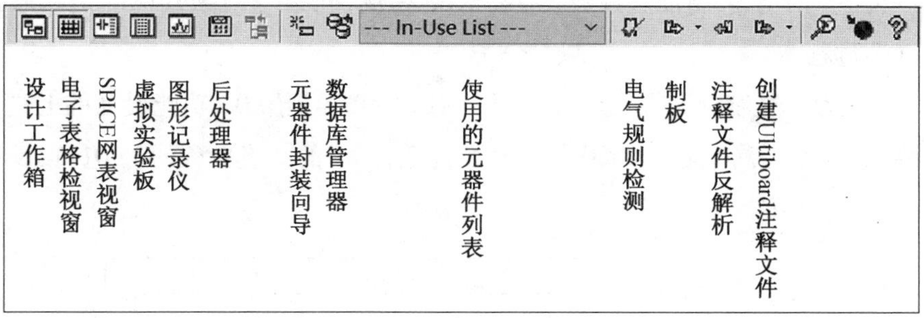

图 5.2　Multisim 主工具栏

图 5.3　Multisim 元器件工具栏

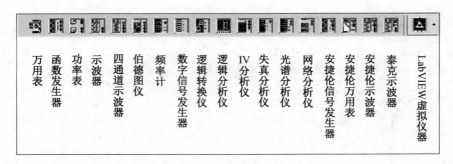

图 5.4　Multisim 虚拟仪器工具栏

2. Multisim 仿真基本操作及分析方法

Multisim 仿真的基本步骤是，① 建立电路文件；② 放置元器件和仪表；③ 元器件编辑；④ 连线和进一步调整；⑤ 电路仿真；⑥ 输出分析结果。

Multisim 仿真的分析方法有直流工作点分析、交流分析、瞬态分析、傅里叶分析、直流扫描分析、参数扫描分析等。

3. Multisim 应用举例

下面以集成同步十进制加法计数器 74LS160 为例，介绍使用 Multisim 仿真软件对计数器进行仿真的过程。

图 5.5 所示为七进制计数器逻辑图，是用 74LS160"异步置 0"功能设计的七进制计数器电路，设计数器从 $Q_DQ_CQ_BQ_A = 0000$ 状态开始计数，"7"的二进制代码为 0111，反馈归零函数 $CLR' = (Q_CQ_BQ_A)'$。

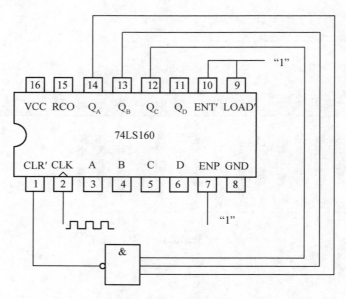

图 5.5　七进制计数器逻辑图

（1）建立电路文件。

单击菜单 File → New 后，建立一个空的电路工程文件 Design1，如图 5.6 所示。

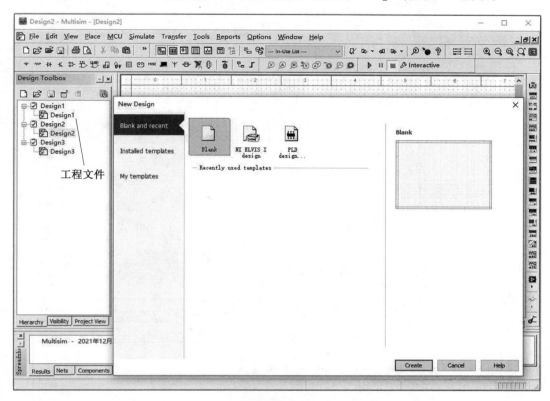

图 5.6　建立电路工程文件

（2）放置元器件和仪表。

根据所设计的电路，合理选择电路元器件和仪表并放置在合适位置，如图 5.7 所示。在 Multisim 元器件工具栏中选择需要的元器件，任选一个图标打开元器件选择窗口，例如可单击"放置电源"图标 ÷ 。如果选择 LED 指示灯，可以选择图 5.8 中 Group 里面的 Indicators，具体选择 PROBE 选项，得到 LED 灯。

（3）元器件编辑、连线和进一步调整，进行电路仿真。

可以直接单击需要连接的电路两端进行连线，完成后即可启动电路仿真，如图 5.9 所示。

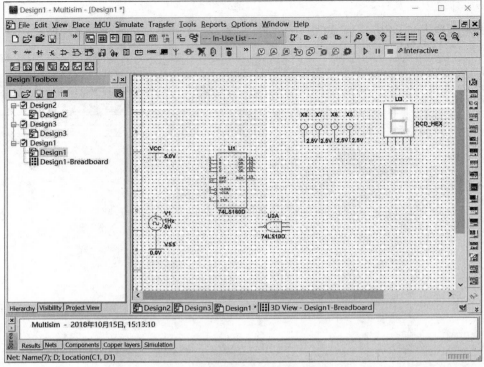

图 5.7 选择电路元器件和仪表

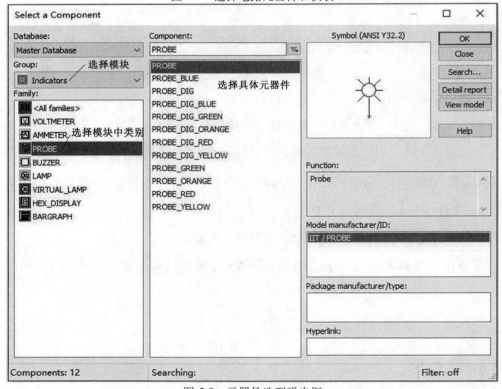

图 5.8 元器件选型弹出框

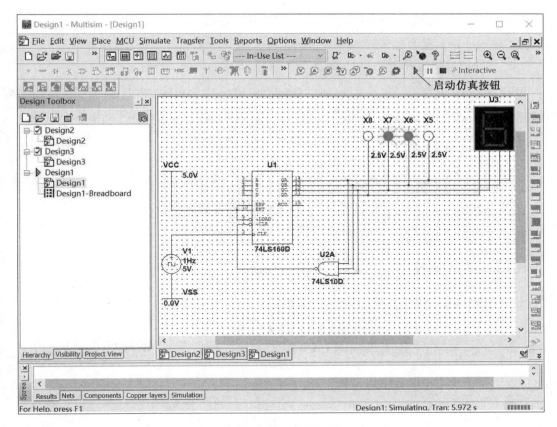

图 5.9　电路连线仿真图

5.1.4　实验内容

（1）七进制计数器仿真。

利用 74LS160 的"同步置数"功能设计一个七进制计数器。要求合理选用元器件，画出电路图，并用 Multisim 仿真验证计数结果，并分析时序波形。

（2）十二进制计数器仿真。

利用一个 74LS161 芯片和一个 74LS00 芯片，设计一个十二进制计数器。要求计数方式从小到大，合理选用元器件，画出电路图，能够用数码管显示计数过程及结果，用 Multisim 仿真验证并分析。

（3）十四进制计数器仿真。

利用一个 74LS161 芯片和逻辑门芯片，设计一个十四进制计数器，要求计数方式从小到大计数，合理选用元器件，画出电路图，能够用数码管显示计数过程及结果，用 Multisim 仿真验证并分析。

（4）任意进制计数器仿真（100 以内）。

利用 74LS161 和逻辑门设计 100 进制计数器、66 进制计数器、99 进制计数器，3 种计数器任选一个。要求能实现基本的计数功能,并能够用数码管显示计数。合理选用元器件,画出电路图,用 Multisim 仿真验证结果并分析。

（5）千进制计数器仿真。

利用 74LS161 和逻辑门芯片设计一个 1 000 进制计数器。要求能实现基本的计数功能,并能够用数码管显示计数。合理选用元器件,画出电路图,用 Multisim 仿真验证结果并分析。

5.1.5　注意事项

（1）注意用电安全。

（2）全部实验做完后,关掉计算机,整理实验台,方可离开实验室。

（3）遵守实验室的各项规章制度。

5.1.6　思考与分析

如何使用 74LS160 设计千进制加法计数器?

5.2　远程在线实验:RLC 谐振电路及 RC 选频网络特性

5.2.1　实验目的

（1）学习和熟悉远程在线模式下,电子电路实验设计的实现方法。

（2）了解串联谐振现象,进一步理解 RLC 串联电路的频率特性,研究电路参数对串联谐振电路的影响,掌握测试通用谐振曲线和品质因数的测量、计算方法。

（3）理解串联谐振电路的选频特性及应用,以及 RC 选频网络选频的实际意义。

5.2.2　预习要点

（1）复习正弦交流电路串联谐振及频率特性的相关理论知识。

（2）根据实验电路计算所求测试的理论数据。

（3）学习使用示波器扫频功能观察谐振电路的包络。

5.2.3　实验设备

（1）ELF － BOX3 远程实验平台一套。

（2）电阻包1两块,电阻包2一块,电阻包3一块,电容包1两块,电容包2一块,电容包3一块,数字电位器（可调电阻模块）一块。

（3）转接板（接 10 mH 电感）一块。

（4）信号发生器、示波器各一台。

5.2.4　实验原理

可以参考 3.6 节 RLC 串联谐振原理、RC 串并联选频网络的论述,本节实验是通过远程在线实验装置平台,实现 RLC 谐振电路及 RC 选频网络特性的实验研究。相比传统的实验平台,本次实验融入了互联网及客户端平台,远程控制本地实验装置的动作,通过摄像头实时查看实验数据和实验波形。

1.RLC 串联谐振原理

参考 3.6 节,对于任何含有电感线圈和电容元件的一端口电路,在一定条件下,电路负载可呈现纯电阻性,端口电压与电流同相位,则称一端口电路发生谐振,RLC 串联电路中发生的谐振称为串联谐振。RLC 串联谐振的频率特性测试电路原理图,如图 5.10 所示。

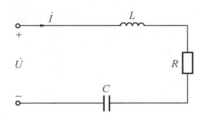

图 5.10　RLC 串联谐振的频率特性测试电路原理图

产生串联谐振的条件是满足谐振频率为 $f_0 = \dfrac{1}{2\pi\sqrt{LC}}$,谐振角频率为 $\omega_0 = \dfrac{1}{\sqrt{LC}}$,品质因数为 $Q_{品} = \dfrac{\omega_0 L}{R_1} = \dfrac{1}{\omega_0 C R_1} = \dfrac{\sqrt{L/C}}{R_1}$,对应公式 $\dfrac{I}{I_0} = \dfrac{1}{\sqrt{1 + Q_{品}^2 \left(\dfrac{f}{f_0} - \dfrac{f_0}{f} \right)^2}}$ 的谐振曲线称为归一化谐振曲线,也称通用串联谐振曲线,如图 5.11 所示。

品质因数 $Q_{品}$ 值相同的任何 RLC 串联谐振电路,只有一条归一化谐振曲线,因此也称为通用串联谐振曲线。图 5.11 提供了不同 $Q_{品}$ 值的通用串联谐振曲线。通频带 Δf 定义为,当 $\dfrac{I}{I_0} = \dfrac{1}{\sqrt{2}}$ 时,对应的频率 f_2(上限频率) 和 f_1(下限频率) 之间的宽度,通频带 Δf 与谐振频率 f_0 成正比,与品质因数 $Q_{品}$ 成反比。由图 5.11 可见,$Q_{品}$ 值越大,通频带越窄,电路的选择性越好。

2. RC 串并联选频网络

参考 3.6 节,RC 串并联选频电路多用于 RC 振荡电路及信号发生器中。RC 选频网络电路原理图如图 5.12 所示,由 $R_1 C_1$ 串联及 $R_2 C_2$ 并联网络组成,该电路输入信号 U_i 的频率变化时,其输出信号幅度 U_o 随着频率的变化而变化。

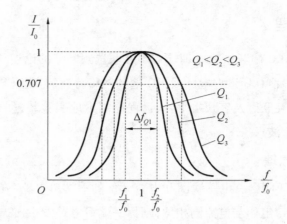

图 5.11　不同 $Q_\text{品}$ 值的通用串联谐振曲线

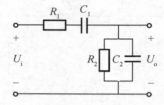

图 5.12　RC 选频网络电路原理图

电压传输系数为

$$K = \left| \frac{\dot{U}_\text{o}}{\dot{U}_\text{i}} \right| = \frac{1}{\sqrt{3^2 + \left(\dfrac{\omega}{\omega_0} - \dfrac{\omega_0}{\omega} \right)^2}}$$

分析可得出，RC 串并联网络的幅频特性曲线，如图 5.13 所示。

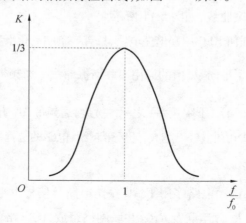

图 5.13　RC 串并联网络的幅频特性曲线

5.2.5　远程实验内容和步骤

1.远程实验客户端使用介绍

首先将本次实验所需元器件包准备好接入平台,电阻包1两块,电阻包2一块,电阻包3一块,电容包1两块,电容包2一块,电容包3一块,数字电位器(可调电阻模块)一块,转接板(接 10 mH 电感)一块,准备好信号发生器、示波器。然后通过远程实验装置客户端 ELF－BOX3 来完成本次实验,远程客户端操作如下。

(1)远程客户端登录。

双击打开客户端软件 ![ELF ELF-BOX3]，输入用户名、密码,选择"远程模式",单击"登录"按钮,进入客户端登录界面,如图 5.14 所示。

图 5.14　远程客户端登录界面

(2)选择实验平台。

单击"选择列表",选择空闲可用的实验平台。(实景实验采用真实的物理器件和电路,连接上实验平台后才能进行有效的电路设计和仪器调测)高亮表示平台空闲,灰色表示占用。选择好平台后,单击"连接"按钮,界面如图 5.15 所示。

(3)选择实验项目。

单击左上角的"选实验",找到电路分析下拉菜单中的"RLC 串联谐振和 RC 选频网络",系统自动显示出监测点模板,单击"确认"按钮,界面如图 5.16 所示。

注意:名称后面的一串数字是当前创建实验的时间,具有唯一性。每新建一次实验,形成一条记录,如果当前未完成实验需要保存,保存的内容归到此记录下,下次继续实验的时候,找到正确时间对应的记录,即可继续实验。

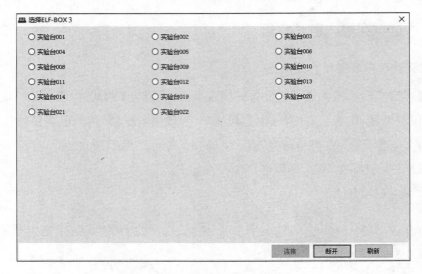

图 5.15　选择实验平台界面

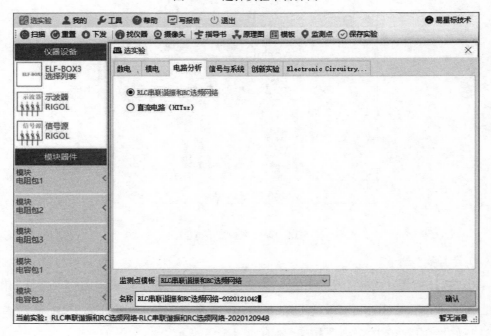

图 5.16　选择实验项目界面

（4）激活元器件模块资源。

单击左上角"扫描"，左边"模块器件"栏出现下拉菜单，此菜单显示出当前实验平台上配备好的模块资源，"电容包 1""电容包 2"等，界面如图 5.17 所示。

（5）激活远程测量仪器。

单击上方"找仪器"，左边"仪器设备"栏出现信号源（信号发生器）、示波器，表示仪器成功连接，如图 5.18 所示。

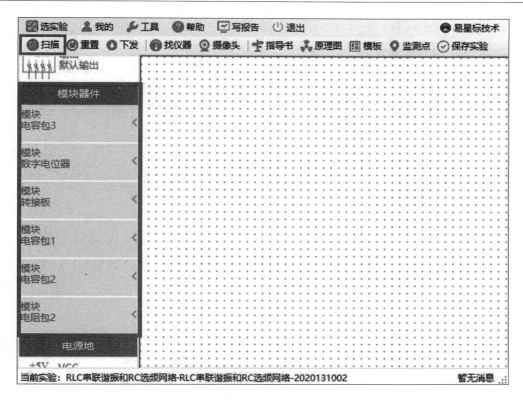

图 5.17　激活元器件模块资源界面

图 5.18　激活远程测量仪器界面

（6）挑选元器件、测量仪器,绘制原理图。

如图 3.27 所示,绘制 RLC 串联谐振电路图,从"模块器件"栏选择模块"电阻包 3"中的电阻 1、"电容包 1"和"转接板"。单击模块名称,下拉菜单显示了模块上可以使用的元器件。从"电源地"栏选择"地",拖拽到原理图绘制区域。同样,把示波器和信号源也拖拽进来。连接电路时,注意信号源和示波器的地已经在本地是连接好的,因此在客户端只需要连接测量点即可,不需要再连接地线。连接好电路,单击"下发"按钮。

注意:原理图画好后,右上角会出现红色字体提示"指令未下发",单击左上角"下发"按钮,完成原理图到电路板的映射,创建好实物电路,界面如图 5.19 所示。

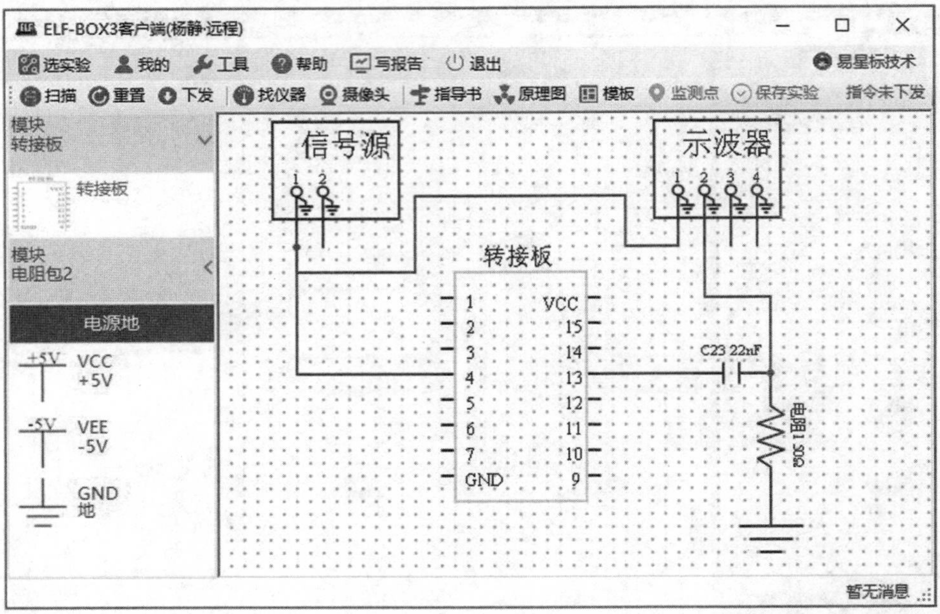

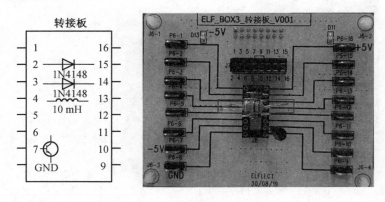

图 5.19　选用元器件绘制原理图界面

(7) 转接板。

转接板示意图和实物图如图 5.20 所示,框内即为 10 mH 电感,因为转接板具有通用性,上面可以灵活插接不同的器件,所以原理图中的转接板只示意了引脚标号,根据实物图将相应的引脚接入电路即可。

图 5.20　转接板示意图及实物图

(8) 观测和调试。

双击"信号源""示波器"图标,打开摄像头。通过缩放、移动原理图,调整布局。可以通过两种方式观测到本地示波器的波形和数据,一种可以通过摄像头,观察到本地实验环境中用到的示波器中波形和数据;另一种可以通过客户端的示波器模拟控制台,观测到通过互联网传到客户端的真实波形和数据。示波器控制台及本地真实示波器屏幕如图 5.21 所示。

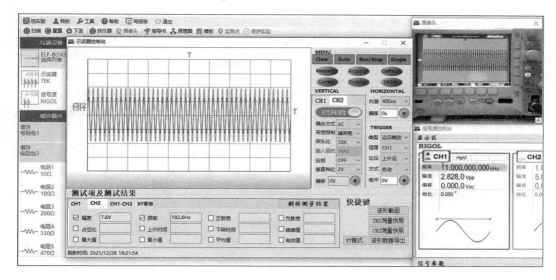

图 5.21　示波器控制台及本地真实示波器屏幕

可以通过客户端，下发信号源参数到本地实验台中的真实信号源，控制信号源发出的波形数据，进行电路调试，同时本地数据可回传到客户端信号源模拟控制台中观测。如图 5.22 所示，设置信号源参数，选择"Sine"正弦波信号，频率为 1 000 Hz，幅度为 2.828 V 峰峰值，单击"下发"按钮，单击"OutPut1"按钮，高亮表示信号输出，灰色表示未打开输出通道。注意：每改变一次参数，需要单击一次"下发"按钮，参数才能生效。

信号源数据下发后，可以看到本地示波器和客户端示波器控制台中波形有变化，如图 5.22 所示。

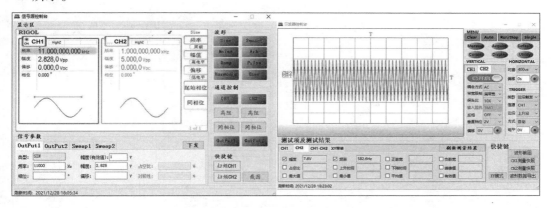

图 5.22　信号源控制台及示波器控制台

调节示波器控制台的触发参数，控制本地示波器的真实波形触发，选择通道 CH1 和通道 CH2 调整水平控制和垂直控制选项，或者直接选择"Auto"触发，将波形调整为可测量的有完整周期的波形显示状态，如图 5.23 所示。勾选"幅度"和"频率"测量项，单击"刷新测量结果"按钮，系统自动读取示波器测量结果。

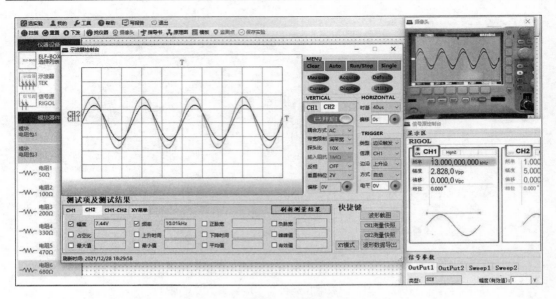

图 5.23　示波器控制台远程调节本地示波器触发

可以看到,此时电路还未达到谐振状态。不断改变信号源输出信号频率,通过观测示波器 CH1 和 CH2 的相位差,当相位差在5°以内时,可认为电路基本达到串联谐振状态,注意观察信号源通道 CH1 的幅度,确保是在 2.828 V 峰峰值附近。可以看到,实际谐振频率是 10 980 Hz,谐振状态波形和参数测量如图 5.24 所示。

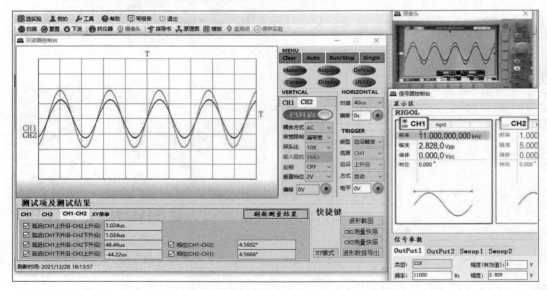

图 5.24　谐振状态波形和参数测量

（9）数据记录。

根据实验表格的实验条件读取并保存测量数据,记录实验数据,并手动截图保存,以供后续做实验报告使用。把所有测得的数据填入表格后编写实验报告。

（10）客户端操作注意事项。

① 改变一次条件,刷新一次测量结果,确保测量值跟实际情况一致。

② 检查探头比是否设置为"1X"。

③ 信号源通道控制是否设置为"高阻"。

④ 每改变一次电路设计,包括参数、线路、仪器接入位置等,右上角都会出现"指令未下发"提示,需要重新单击一次"下发"按钮,电路才能生效。

⑤ 每次完成客户端操作,需要单击客户端上方状态栏"退出",释放实验台资源。

（11）完成实验报告。

可以根据截图和记录的数据线下完成实验报告,也可以使用客户端的线上实验报告系统来完成报告。单击客户端上方状态栏"写报告"(图 5.25),系统自动跳转到后台写报告界面,如图 5.26 所示。 建议使用 Google 浏览器,避免出现不兼容问题,导致界面无法正常显示。

图 5.25　写报告状态栏

图 5.26　选择在线报告系统书写报告

单击"我的实验",找到已完成的实验记录,单击"填写报告"。选择"RLC 谐振电路"模板(图 5.27),开始写报告。

实验报告的几种操作及状态说明如下。

①"保存",可下次继续编辑,对应的报告状态为"进行中"。

②"完成",不可编辑,对应的报告状态为"已完成"。

③"提交",即交作业给老师,不可编辑,对应的报告状态为"待批阅"。

（12）"保存实验"功能。

一次未完成的实验,退出之前,单击"保存实验", 下次打开客户端,选择上一次实验记录,继续做实验。操作顺序是,先单击"扫描",再"找仪器",选择实验记录,最后单击"继续实验"。

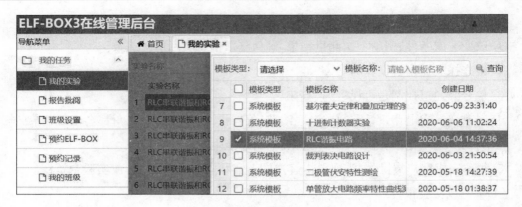

图 5.27　选择在线报告模板

2.谐振电路

（1）寻找谐振频率,验证谐振电路的特点。图 5.28 所示为远程客户端 RLC 串联谐振电路连接。

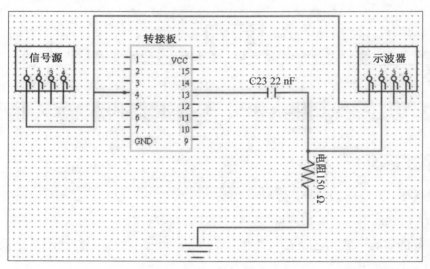

图 5.28　远程客户端 RLC 串联谐振电路连接

打开远程客户端,按图 5.28 接线。R 取 50 Ω,L 取转接板上 4 ～ 13 引脚上的 10 mH 电感,C 取 22 nF 电容,理论计算的谐振频率为 10 kHz,打开信号源控制台,输出正弦电压,保持峰峰值为 2.828 V,有效值为 1 V,用示波器 CH1 通道的有效值测量监测。用示波器 CH2 通道测量电阻 R 上的电压,因为 $U_R = RI$,当 R 一定时,U_R 与电路 I 成正比,电路谐振时的电流 I 最大,电阻电压 U_R 也最大。细心调节输出电压的频率,使 U_R 为最大,或者查看示波器控制台的波形数据,两通道的波形相位差在 5° 以内时,电路即达到谐振。测量电路中的电压 U_R,并读取谐振频率 f_0,记入表 5.1 中,同时记下元件参数 R、L、C 的标称值。

注意:远程控制信号源时,输出电压设定值为峰峰值。因为带负载,输出不一定为设定值,所以,为保证每次输出都固定为某一数值,如有效值为 1 V(用示波器第一通道的有效值测量监测),必须适当提高信号源电压设定值的数值。

表5.1　远程实验串联谐振实验数据表格 $f_{0理论}$ = _____ Hz

R =	L =	C =
U_R =	$I_0 = U_R/R$ =	f_0 =　　　　(实际测量值)
$Q_{品}$(理论计算值) =		

(2)测定谐振曲线。

实验线路同图5.28,使信号源输出正弦电压,峰峰值为 5.656 V,对应有效值为 2 V,在谐振频率两侧调节输出电压的频率(每次改变频率后均应重新调整输出电压至 2 V),电路中 R 为 100 Ω,分别测量各频率点的 U_R 值,记录于表 5.2 中(在谐振点附近要多测几组数据)。再将图 5.28 实验电路中的电阻 R 更换为 520 Ω(或者 530 Ω),重复上述的测量过程,记录于表 5.3 中。最后整理数据,用坐标纸画出其谐振曲线。

以下为输入频率的一组参考数据。

f/kHz	0.1	0.35	0.45	0.65	0.85	10.5	11.4	11.65	f_0 = 12.1	13	14	15	17	19	21	23	25

表5.2　远程实验谐振曲线数据表格(一) U_i = _____ V

R = 100 Ω、L =　　　　、C = 22 nF、$Q_{品}$(理论计算值) =																
f/Hz							f_0 =									
U_R																
I																
$\dfrac{I}{I_0}$																
$\dfrac{f}{f_0}$																

表5.3　远程实验谐振曲线数据表格(二) U_i = _____ V

R = 520 Ω(或者 530 Ω,请选择一个)、L =　　　　、C = 22 nF、$Q_{品}$(理论计算值) =																
f/Hz							f_0 =									
U_R																
I																
$\dfrac{I}{I_0}$																
$\dfrac{f}{f_0}$																

3. RC 选频网络特性

远程客户端 RC 选频电路原理图如图 5.29 所示,按图接线,将低频信号源接到网络的输入端,输出端接到示波器上。R_1、R_2 取15 kΩ,C_1、C_2 取 0.01 μF(10 nF)。

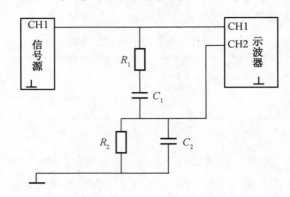

图 5.29　远程客户端 RC 选频电路原理图

保持信号源输出电压有效值 U_S = 1 V,改变信号频率f,用毫伏表测量相应频率点的输出电压 U_o,记录数据并填入表 5.4 中。根据电路参数计算出谐振频率 f_0,填入表 5.5 中。自选谐振频率附近的f,测出其对应的电压 U_o,填入表 5.5 中。

注意:远程控制信号源时,输出电压设定值为峰峰值。因为其带载,输出不一定为设定值,因此,为保证每次输出都固定为某一数值,如有效值 1 V(用示波器第一通道的有效值测量监测),必须适当提高信号源电压设定值的数值。

表5.4　远程测量选频特性实验数据(一)　　　　　　　　U_i = ＿＿＿＿ V

f/Hz	100	500	800	900	1 000	1 200	1 500	1 800	2 000
U_o/mV									
$K = \dfrac{U_o}{U_i}$									

表5.5　远程测量选频特性实验数据(二)(自选频率)　　　　　　U_i = ＿＿＿＿ V

f/Hz				$f_{0(计算值)}$				
U_o/mV								
$K = \dfrac{U_o}{U_i}$								

5.2.6　注意事项

客户端的使用注意事项需要牢记,本地实验平台的安全注意事项由实验室责任人专人负责。

5.2.7　思考与分析

请总结远程实验与本地线下实验的相同点和区别。

5.3　远程在线实验：RC 一阶电路及 RLC 二阶电路响应研究

5.3.1　实验目的

（1）学习使用示波器观察和分析一阶电路及二阶电路的暂态响应。

（2）观察测定 RC 一阶电路响应过程。

（3）观察二阶电路响应波形，计算二阶电路暂态过程的有关参数。

5.3.2　预习要点

（1）复习一阶动态电路时域分析理论，了解时间常数 τ 与电路参数的关系。

（2）复习二阶动态电路时域分析理论，掌握二阶电路 3 种状态下的 RLC 的关系式及欠阻尼状态下衰减系数与振荡角频率表达式。

（3）思考什么样的电信号可作为 RC 一阶电路零输入响应、零状态响应及完全响应的激励源。

5.3.3　实验设备

（1）ELF － BOX3 远程实验平台一套。

（2）电阻包 1 两块，电阻包 2 一块，电阻包 3 一块，电容包 1 两块，电容包 2 一块，电容包 3 一块，数字电位器（可调电阻模块）一块。

（3）转接板（接 10 mH 电感）一块。

（4）信号源、示波器各一台。

5.3.4　实验原理

1. RC 一阶电路

分析 RC 一阶电路充放电原理图如图 5.30 所示。关注 RC 电路的充放电过程，通过理论分析可知，RC 电路充电过程中的电压 u_C 和电流 i 均随时间按指数规律变化，u_C 为 $u_C(t) = U_S(1 - e^{-\frac{t}{RC}})$，$i$ 为 $i = \dfrac{U_S}{R} e^{-\frac{t}{RC}}$。RC 电路放电过程中的电流 i 与电容电压 u_C 随时间均按指数规律衰减为零，电压 u_C 为 $u_C(t) = U_S \mathrm{e}^{-\frac{t}{RC}}$，电流为 $i = -\dfrac{U_S}{R}\mathrm{e}^{-\frac{t}{RC}}$。RC 充放电电路的电流和电压波

形如图 5.31（a）～（c）所示。

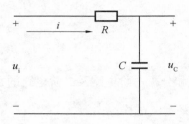

图 5.30　RC 一阶电路充放电原理图

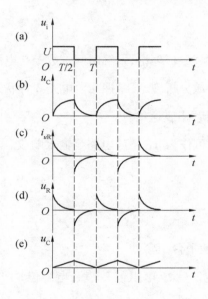

图 5.31　RC 充放电电路的电流和电压波形

　　RC 充放电电路中，当电源方波电压的周期 $T \gg \tau$ 时，电容器充放电速度很快，若 $u_C \gg$

u_R，$u_C \approx u_i$，在电阻两端的电压 $u_R = Ri \approx RC\dfrac{\mathrm{d}u_C}{\mathrm{d}t} \approx RC\dfrac{\mathrm{d}u_i}{\mathrm{d}t}$，即电阻两端的输出电压 u_R 与输入

电压 u_i 的微分近似成正比，此电路即称为微分电路，u_R 波形如图 5.31（d）所示；当电源方波

电压的周期 $T \ll \tau$ 时，电容器充放电速度很慢，又若 $u_C \ll u_R$，$u_R \approx u_i$，在电阻两端的电压 $u_C =$

$\dfrac{1}{C}\displaystyle\int i\mathrm{d}t = \dfrac{1}{C}\int \dfrac{U_R}{R}\mathrm{d}t \approx \dfrac{1}{RC}\int u_i\mathrm{d}t$，即电容两端的输出电压 u_C 与输入电压 u_i 的积分近似成正比，

此电路称为积分电路，u_C 波形如图 5.31（e）所示。

2. RLC 二阶电路

用二阶微分方程来描述的电路称为二阶方程。根据电容两端电压不能突变,电感上电流不能突变的原理,通过理论分析可知,由 R、L、C 串联形成的二阶电路在选择了不同的参数以后,会产生三种不同的响应,即过阻尼状态、欠阻尼(衰减振荡)状态和临界阻尼状态。

① 当电路中的电阻过大,即 $R > 2\sqrt{\dfrac{L}{C}}$ 时,称为过阻尼状态,响应中的电压、电流呈现出非周期性变化的特点,电流振荡不起来。

② 当电路中的电阻过小,即 $R < 2\sqrt{\dfrac{L}{C}}$ 时,称为欠阻尼状态,响应中的电压、电流具有衰减振荡的特点,此时衰减系数 $\delta = \dfrac{R}{2L}$。$\omega_0 = \dfrac{1}{\sqrt{LC}}$ 是在 $R = 0$ 的情况下的振荡频率,称为无阻尼振荡电路的固有角频率。在 $R \neq 0$ 时,R、L、C 串联电路的固有振荡角频率 $\omega' = \sqrt{\omega_0^2 - \delta^2}$ 将随 $\delta = \dfrac{R}{2L}$ 的增加而下降。

③ 当电路中的电阻适中,即 $R = 2\sqrt{\dfrac{L}{C}}$ 时,称为临界阻尼状态。此时,衰减系数 $\delta = \omega_0$,$\omega' = \sqrt{\omega_0^2 - \delta^2} = 0$,暂态过程界于非周期与振荡之间,其本质属于非周期暂态过程。

5.3.5　实验内容与步骤

注意:下面所有的波形,都需要记录至少 1 ~ 2 个周期。远程实验客户端的操作请参考 5.2 节。

(1) 观测 RC 电路充放电时电流 i 和电容电压 u_C 的变化波形。

实验线路如图 5.32 所示,信号源信号是频率为 $f = 200$ Hz,幅度峰峰值为 5 V,占空比为 50%,偏置电压为 2.5 V 的方波电压,如图 5.33 通道 CH1 所示。用示波器观看电压波形,方波电压 u 由 CH1 通道输入,电容电压 u_C 由 CH2 通道输入,调整示波器触发、垂直和水平控制,观察 u 与 u_C 的波形,并记录波形图。改变电阻阻值,观察电压 u_C 波形的变化,说明其变化趋势并分析其原因。请按照表格 5.6 所示数据进行实验,并完成相关数据测量和图形记录,本实验给出了 RC 充放电电路电源方波电压和电容电压波形示例供参考,如图 5.33 所示。

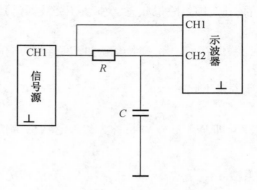

图 5.32　RC 充放电电路实验线路远程客户端接线图

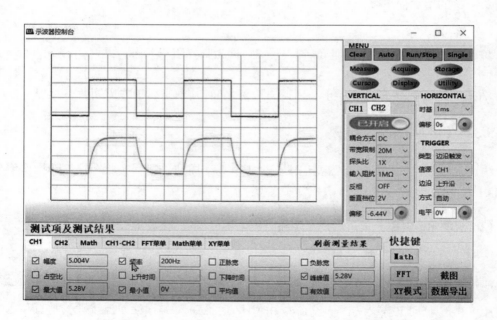

图 5.33　RC 充放电电路电源方波电压和电容电压波形示例

表5.6　改变 RC 参数下输出电压电流波形对比图

参数	R	C	信号源电压波形、电容电压波形
R 固定	10 kΩ	10 nF	$u_i/V,u_C/V$　O　t/s
	10 kΩ	22 nF	$u_i/V,u_C/V$　O　t/s
	10 kΩ	33 nF	$u_i/V,u_C/V$　O　t/s
	10 kΩ	220 nF	$u_i/V,u_C/V$　O　t/s

续表5.6

参数	R	C	信号源电压波形、电容电压波形
	5.1 kΩ	22 nF	$u_i/V, u_C/V$　　O　　t/s
C 固定	10 kΩ	22 nF	$u_i/V, u_C/V$　　O　　t/s
	20 kΩ	22 nF	$u_i/V, u_C/V$　　O　　t/s

（2）观测微分和积分电路输出电压的波形。

① 积分电路。按图 5.32 接线，取 $R = 20$ kΩ，$C = 1$ μF（$\tau = RC = 20$ ms），信号源方波电压 u_i 的频率为 100 Hz，幅值峰峰值为 10 V（$T = 1/100 = 10$ ms $\ll \tau$），占空比为 50%，偏置电压为 0 mV。在电容两端的电压 u_C 即为积分输出电压，将信号源方波电压 u_i 输入示波器的 CH1 通道，u_C 输入示波器的 CH2 通道，观察并描绘 u_i 和 u_C 的波形图，记录在图 5.34（a）中。

② 微分电路。将图 5.32 中 R 和 C 的位置互换，取 $C = 10$ nF，$R = 10$ kΩ（$\tau = RC = 0.1$ ms），信号源方波电压 u 的频率为 200 Hz，幅值峰峰值为 5 V（$T = 1/200 = 5$ ms $\gg \tau$），占空比为 50%，偏置电压为 0 mV。在电阻两端的电压 u_R 即为微分输出电压，将 u_i 输入示波器的 CH1 通道，u_R 输入示波器的 CH2 通道，观察并描绘 u_i 和 u_R 的波形图，记录在图 5.34（b）中。

（3）观察二阶电路的响应波形。

二阶电路实验远程客户端接线图如图 5.35 所示，信号源输出方波 $U_s = 1$ V，$f = 1$ kHz，占空比为 50%，偏置电压为 0 mV，改变电阻 R，分别使电路工作在欠阻尼、临界振荡以及过阻尼状态,测量输入电压和电容电压波形。

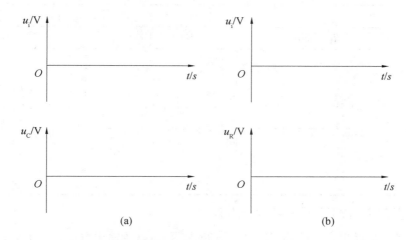

图 5.34　积分、微分输出电压波形记录

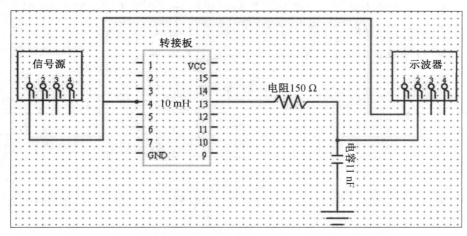

图 5.35　二阶电路实验远程客户端接线图

数据计算,求出衰减系数 δ、振荡频率 ω,并用示波器测量其电容上电压的波形,将波形及数据处理结果填入表 5.7 中。

表5.7　二阶电路远程实验数据(一) $\omega_0 = \dfrac{1}{\sqrt{LC}}$

条件	$L = 10$ mH　$C = 1$ nF　$f_0 =$		
	$R_1 = 50\ \Omega$	$R_2 = 6.1$ kΩ	$R_3 = 10$ kΩ
$\delta = \dfrac{R}{2L}$			
$\omega = \sqrt{\omega_0^2 - \delta^2}$			
电路何种状态			

续表5.7

条件	$L = 10\ \text{mH}\quad C = 1\ \text{nF}\quad f_0 =$		
	$R_1 = 50\ \Omega$	$R_2 = 6.1\ \text{k}\Omega$	$R_3 = 10\ \text{k}\Omega$
电容波形	u_C/V O t/s	u_C/V O t/s	u_C/V O t/s

（4）测量不同参数下的衰减系数和波形。

二阶电路实验远程客户端接线图如图5.35所示，信号源输出方波 $U_S = 1\ \text{V}$，$f = 1\ \text{kHz}$，占空比为50%，偏置电压为0 mV，改变电阻 R，保证电路一直处于欠阻尼状态，取四个不同阻值的电阻，用示波器测量输出波形，并计算出衰减系数，将波形和数据填入表5.8中，本实验给出 $R = 680\ \Omega$ 下输入输出波形图示例供参考，如图5.36所示。

表5.8　二阶电路远程实验数据（二）$\omega_0 = \dfrac{1}{\sqrt{LC}}$

条件	$L = 10\ \text{mH}\quad C = 1\ \text{nF}\quad f_0 =$			
	$R_1 = 50\ \Omega$	$R_2 = 680\ \Omega$	$R_3 = 1\ \text{k}\Omega$	$R_4 = 2\ \text{k}\Omega$
$\delta = \dfrac{R}{2L}$				
$\omega = \sqrt{\omega_0^2 - \delta^2}$				
电路何种状态				
电容波形	u_C/V O t/s	u_C/V O t/s	u_C/V O t/s	u_C/V O t/s

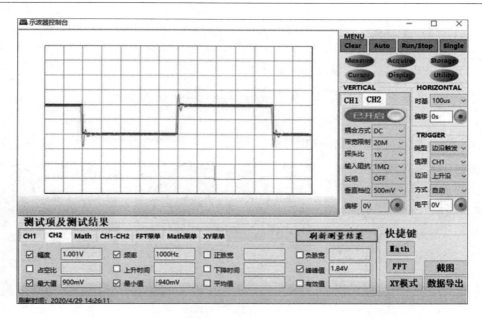

图 5.36　二阶电路远程实验欠阻尼 $R = 680\ \Omega$ 下输入输出波形图示例

5.3.6　注意事项

客户端的使用注意事项需要牢记,本地实验平台的安全注意事项由实验室责任人专人负责。

5.3.7　思考与分析

在欠阻尼状态实验中,根据四组不同阻值的输出波形变化情况,分析欠阻尼状态的输出波形和衰减系数与什么有关?

5.4　远程在线实验:组合逻辑电路设计

5.4.1　实验目的

(1)了解和正确使用远程实验装置组合逻辑部件。
(2)掌握一般组合逻辑电路的特点及分析、设计方法,掌握电路静态测试的方法。

5.4.2　预习要点

(1)复习组合逻辑电路的分析与设计方法。
(2)根据任务要求设计电路,确定实验电路方案。
(3)熟悉所用集成芯片的逻辑功能、管脚功能。

5.4.3　实验设备

（1）ELF – BOX3 远程实验平台一套。

（2）74HC00 实验模块 3 块,74HC138 模块 1 块, LED 模块 1 块。

（3）示波器一台。

远程实验元器件模块实物图如图 5.37 所示。

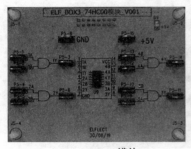
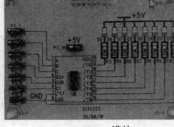

(a) 74HC00模块　　　　　　(b) 74HC138模块　　　　　　(c) LED模块

图 5.37　远程实验元器件模块实物图

5.4.4　实验内容

1.裁判表决器

设计一个由与非门组成的裁判表决电路,要求该电路具备功能如下。

（1）有 A、B 和 C 三名裁判,其中 A 为主裁判,B、C 为副裁判。

（2）当主裁判和一名或一名以上的副裁判认为运动员动作合格时,输出端 Y 为逻辑 1;否则 Y 为逻辑 0。输出端连接 LED 灯和示波器显示结果。

（3）根据设计要求,用与非门实现逻辑电路。

（4）使用远程客户端,用 74HC00 与非门搭建电路,进行逻辑功能的验证,其结果记入表 5.9 中。

表5.9　裁判表决器电路数据

主裁判	副裁判	副裁判	LED 灯	示波器电平
A	B	C	Y_1	Y_2
0	0	0		
0	0	1		
0	1	0		
0	1	1		

续表5.9

主裁判	副裁判	副裁判	LED 灯	示波器电平
A	B	C	Y_1	Y_2
1	0	0		
1	0	1		
1	1	0		
1	1	1		

2. 全加器

（1）设计要求。

使用译码芯片 74HC138 和与非门芯片构建一个 1 位全加器。实现对两个 1 位二进制数进行加法计算的功能。使用两个电平开关作为电路的输入信号，模拟两个 1 位二进制数的逻辑状态。电路输出包括 1 位计算结果和 1 位进位信号。通过指示灯观察电路输出端口的逻辑状态。

（2）画出逻辑电路,输出端连接 LED 灯和示波器显示结果。

（3）验证电路逻辑功能,并将结果记入表 5.10 中。

表5.10　全加器电路数据

输入端			输出端	
CI	A	B	S	CO
0	0	0		
0	0	1		
0	1	0		
0	1	1		
1	0	0		
1	0	1		
1	1	0		
1	1	1		

3. 数据分配器

（1）设计要求。

使用译码芯片 74HC138 搭建一个数据分配器。将连续方波脉冲源作为输入信号 D,在三位选择信号处于不同组合时,数据分配器对应的输出端口产生与输入信号 D 相同的逻辑状态。

（2）画出逻辑电路,输出端连接 LED 灯和示波器显示结果。

（3）验证电路逻辑功能，并将结果记入表 5.11 中。

表5.11　数据分配器电路数据

A	B	C	Y'_0	Y'_1	Y'_2	Y'_3	Y'_4	Y'_5	Y'_6	Y'_7
0	0	0								
0	0	1								
0	1	0								
0	1	1								
1	0	0								
1	0	1								
1	1	0								
1	1	1								

5.4.5　注意事项

客户端的使用注意事项需要牢记，本地实验平台的安全注意事项由实验室责任人专人负责。

5.4.6　思考与分析

裁判表决电路是否可以有第二种设计方案？请举例说明。

5.5　远程在线实验：计数器的设计与验证

5.5.1　实验目的

（1）掌握常用 J - K 触发器的逻辑功能和使用方法。

（2）掌握中规模集成计数器 74HC161 的逻辑功能和使用方法。

5.5.2　预习要点

（1）熟悉 J - K 触发器、集成计数器 74HC161 的逻辑功能及其组成的计数电路。

（2）实验之前必须明确本次实验的目的、意义、实验原理、实验电路图。

5.5.3　实验设备与元器件

（1）ELF - BOX3 远程实验平台一套（内附采集卡）。

（2）74HC00 实验模块 1 块，转接板模块（插 74LS112 芯片）2 块，LED 模块 1 块，74HC161模块 1 块，CD4511 译码器模块 1 块，数码管模块 1 块，电阻包 1 块。

5.5.4　实验原理

与非门是常用的逻辑门之一,其逻辑功能是,当输入端有一个或一个以上是低电平时,输出端为高电平;只有当输入端全部为高电平时,输出端才是低电平(即有"0"出"1",全"1"出"0"。),其逻辑表达式为 $Y = \overline{A \cdot B}$。74 系列双列直插式芯片 74HC00 为四组二输入端与非门,其管脚排列如图 5.38 所示。

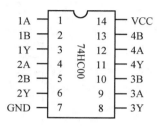

图 5.38　74HC00 管脚排列图

J－K 触发器是最基本、最常用的触发器之一,是构成时序逻辑电路的基本元器件。J－K 触发器具有两个输入端 J、K。在时钟脉冲触发时,输出可以实现"置位""复位""保持""计数"四种功能。74LS112 是下降沿触发的集成 J－K 触发器,片上有两个 J－K 触发器,管脚标号以"1""2"区别,如图 5.39 所示。

```
1CP  ─┤ 1      16 ├─  VCC
1K   ─┤ 2      15 ├─  1R̄_D
1J   ─┤ 3      14 ├─  2R̄_D
1S̄_D ─┤ 4  74LS112  13 ├─  2CP
1Q   ─┤ 5      12 ├─  2K
1Q̄   ─┤ 6      11 ├─  2J
2Q̄   ─┤ 7      10 ├─  2S̄_D
GND  ─┤ 8       9 ├─  2Q
```

图 5.39　74LS112 管脚排列图

在图 5.39 中,$\overline{R}_D$ 和 $\overline{S}_D$ 为异步复位、置位端。当 $\overline{R}_D$ 或 $\overline{S}_D$ 端接收低电平时,触发器立即被复位或者置位,用来预置触发器的初始状态。在使用时要注意,$\overline{R}_D$ 和 $\overline{S}_D$ 端不允许同时为低电平。J－K 触发器真值表见表 5.12。

表 5.12　J－K 触发器真值表

CP	J	K	Q^*
↧	0	0	Q(保持)
↧	0	1	0
↧	1	0	1
↧	1	1	翻转

使用触发器时应注意以下几点。

（1）触发器都有异步置位端$\overline{S}_D$和复位端$\overline{R}_D$，低电平有效，置位或复位后恢复高电平。

（2）触发器的触发输入分为上升沿和下降沿触发。实验时，若用手动逻辑开关给出触发脉冲时，按下开关为0至1，这时为触发脉冲的上升沿来到，松开开关为1至0，这时为触发脉冲的下降沿来到。

74HC161是四位二进制可预置的同步加法计数器，图5.40所示为其管脚排列图，表5.13所示为其功能表。

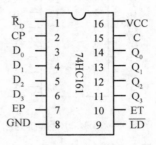

图 5.40   74HC161 管脚排列图

表 5.13   74HC161 **功能表**

CP	$\overline{R}_D$	$\overline{LD}$	EP	ET	工作状态 Q_3 $\quad Q_2$ $\quad Q_1$ $\quad Q_0$
×	0	×	×	×	异步清零
↑	1	0	×	×	同步预置数
↑	1	1	0	1	保持（包括 C 的状态）
↑	1	1	×	0	保持（但 $C = 0$）
↑	1	1	1	1	计数

从功能表中可知，当$\overline{R}_D = 0$时，计数器输出Q_3、Q_2、Q_1、Q_0立即为全0，为异步清零。当$\overline{R}_D = 1$且$\overline{LD} = 0$时，在 CP 脉冲上升沿作用后，触发器置数，Q_3、Q_2、Q_1、Q_0的状态与D_3、D_2、D_1、D_0的状态相同。而当$\overline{R}_D = \overline{LD} = 1$，EP、ET 中有一个为0时，输出端状态保持不变。只有当$\overline{R}_D = \overline{LD} = EP = ET = 1$时，CP 脉冲上升沿作用后，计数器计数。此外，74HC161 还有一个进位输出端 C，其逻辑关系是 $C = Q_3 Q_2 Q_1 Q_0 ET$。

5.5.5   实验步骤

1. J – K 触发器逻辑功能测试

74LS112 型号的 J – K 触发器管脚排列图如图 5.39 所示。根据图 5.41 测试电路进行触发器逻辑功能测试，其中输入时钟脉冲使用远程实验装置采集卡单元的信号源方波信号，频率为 1 Hz,峰峰值为 5 V,直流偏移量为 2.5 V,占空比为 50%,输出 Q 要连接 LED 指示灯,指示灯亮表示 Q 输出高电平"1",指示灯灭表示 Q 输出低电平"0",测试结果填入表 5.14 中。

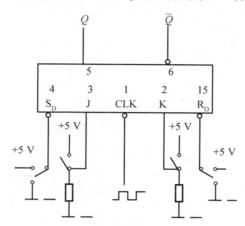

图 5.41　J－K 触发器逻辑功能测试电路图

表 5.14　74LS112 功能表

输入				输出
CP	J	K	Q	Q^*
⊓⊓	0	0	0　(可用 R_D 异步清零后令 R_D 信号失效)	
⊓⊓	0	0	1　(可用 S_D 异步置位后令 S_D 信号失效)	
⊓⊓	0	1	0　(可用 R_D 异步清零后令 R_D 信号失效)	
⊓⊓	0	1	1　(可用 S_D 异步置位后令 S_D 信号失效)	
⊓⊓	1	0	0　(可用 R_D 异步清零后令 R_D 信号失效)	
⊓⊓	1	0	1　(可用 S_D 异步置位后令 S_D 信号失效)	
⊓⊓	1	1	$R_D = 1, S_D = 1, Q$ 的状态是否翻转? 如果是翻转状态,Q 的翻转时刻是 CP 信号的上升沿还是下降沿?	翻转／不翻转 上升沿／下降沿 (请勾选)

2.验证四进制计数器

使用 74LS112 芯片设计的四进制计数器电路图如图 5.42 所示,具体要求如下。

(1)输入时钟脉冲使用远程实验装置采集卡单元的信号源方波信号,频率为 1 Hz,峰峰值为 5 V,直流偏移量为 2.5 V,占空比为 50%。

(2)观察 LED 指示灯情况,列出状态表。

3.验证十进制计数器

使用 74HC161 芯片设计的十进制计数器电路图如图 5.43 所示,具体要求如下。

(1)输入时钟脉冲使用远程实验装置采集卡单元的信号源方波信号,频率为 1 Hz,峰峰值为 5 V,直流偏移量为 2.5 V,占空比为 50%。

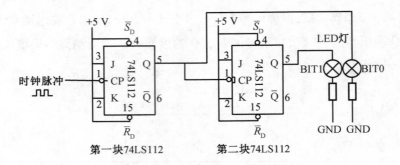

图 5.42 使用 74LS112 芯片设计的四进制计数器电路图

（2）观察数码管显示计数情况，列出状态表。

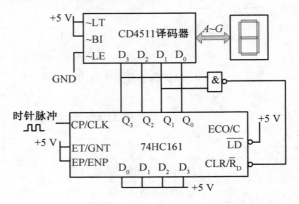

图 5.43 使用 74LS112 芯片设计的十进制计数器电路图

4.设计多进制计数器

根据所学数字电路的知识，以及十进制计数器的实现方法，使用一个 74HC161 设计一个九（或者三、四、五、六、十二）进制计数器，要求能实现基本的计数功能。如果设计三、四、五、六、九进制计数器，需要使用数码管来显示计数器的计数状态，如果设计十二进制计数器，仅需使用 LED 指示灯来显示计数器的计数状态。要求选择合适的元器件，画出电路原理图，搭建电路，验证计数器的计数功能。

5.5.6 注意事项

（1）注意用电安全。

（2）做完每一项实验时要请指导老师检查数据或现象，方可进行下一步实验。

（3）全部实验做完后，关掉计算机电源，整理实验台后方可离开实验室。

（4）遵守实验室的各项规章制度。

5.5.7   思考与分析

（1）如何使用与非门芯片组成异或门、同或门。

（2）若用 74HC161 的同步置数端设计一个十进制计数器，电路如何实现。与图 5.43 电路相比较有什么不同。

参 考 文 献

[1] 孙立山,陈希有. 电路理论基础[M]. 4 版. 北京:高等教育出版社,2013.

[2] 阎石. 数字电子技术基础[M]. 6 版. 北京:高等教育出版社,2016.

[3] 童诗白,华成英. 模拟电子技术基础[M]. 5 版. 北京:高等教育出版社,2015.

[4] 康华光. 电子技术基础[M]. 5 版. 北京:高等教育出版社,2006.

[5] 蔡惟铮. 模拟与数字电子技术基础[M]. 北京:高等教育出版社,2014.

[6] 毕淑娥. 电路与电子技术[M]. 北京:高等教育出版社,2016.

[7] 王灿,吴屏. 电路实验教程[M]. 哈尔滨:哈尔滨工业大学出版社,2020.

[8] 刘东梅. 电路实验教程[M]. 2 版. 北京:机械工业出版社,2013.

[9] 廉玉欣. 电子技术基础实验教程[M]. 2 版. 北京:机械工业出版社,2013.

[10] 王宇红. 电工学实验教程[M]. 2 版. 北京:机械工业出版社,2013.

[11] 吴建强. 电工学新技术实践[M]. 3 版. 北京:机械工业出版社,2012.

[12] 孟涛. 电工电子 EDA 实践教程[M]. 2 版. 北京:机械工业出版社,2012.

[13] 王萍,林孔元. 电工学实验教程[M]. 2 版. 北京:高等教育出版社,2012.

[14] 赵明. 电工学实验教程[M]. 2 版. 哈尔滨:哈尔滨工业大学出版社,2016.